# 深基坑工程变形计算新方法与工程应用

李涛　刘波　钱霄　著

清华大学出版社

北京

## 内 容 简 介

本书针对深基坑支护桩变形与周边地表沉降计算问题,基于 Winkler 弹性地基梁理论,考虑支护桩与支撑结构的变形协调,提出了一种新的计算支护桩水平变形的计算方法;进而在现有地表沉降二维平面计算方法基础上,引入 $k$ 值定量描述空间效应影响,提出空间效应影响下狭长深基坑周边地表沉降的三维预测计算方法。在此基础上,开展室内物理模拟,分析了地面荷载的大小与分布形式对地下工程支护结构产生的影响;继而采用颗粒流数值计算方法,研究了土拱效应对深基坑围护桩内力与变形的影响。

本书可作为岩土工程、地下工程领域的相关技术人员的参考书,也可以供相关专业的研究生参考。

**图书在版编目(CIP)数据**

深基坑工程变形计算新方法与工程应用/李涛,刘波,钱霄著.—北京:清华大学出版社,2022.4
ISBN 978-7-302-59844-2

Ⅰ.①深…　Ⅱ.①李…②刘…③钱…　Ⅲ.①深基坑－变形－控制　Ⅳ.①TU46

中国版本图书馆 CIP 数据核字(2022)第 005949 号

责任编辑:刘一琳
封面设计:陈国熙
责任校对:赵丽敏
责任印制:丛怀宇

出版发行:清华大学出版社
　　　网　　　址:http://www.tup.com.cn,http://www.wqbook.com
　　　地　　　址:北京清华大学学研大厦 A 座　　　邮　　编:100084
　　　社 总 机:010-83470000　　　邮　　购:010-62786544
　　　投稿与读者服务:010-62776969,c-service@tup.tsinghua.edu.cn
　　　质量反馈:010-62772015,zhiliang@tup.tsinghua.edu.cn
印 装 者:三河市东方印刷有限公司
经　　销:全国新华书店
开　　本:185mm×260mm　　印　　张:7.25　　　字　　数:175 千字
版　　次:2022 年 6 月第 1 版　　　　　　　　　　印　　次:2022 年 6 月第 1 次印刷
定　　价:68.00 元

产品编号:091359-01

# FOREWORD

　　随着我国城市化建设的高速发展,高层及超高层建筑、地铁工程、地下停车场、城市地下综合体等建设项目如雨后春笋般出现。深基坑工程作为各种建设项目的基础性工作,经常被国内外专家学者和广大工程技术人员在理论计算方面进行探讨,进而推广设计创新与施工经验总结。我国幅员辽阔,地质条件复杂多变,岩土力学参数差异性大,在基坑工程实践中,存在不少技术问题。近几年,深基坑开挖深度、规模不断增大,且与既有地上、地下建(构)筑物的距离也越来越近。因此,如何更好地根据地层差异、环境条件,建立符合实际情况的基坑支护计算方法是广大岩土工程者为之努力奋斗的艰巨任务。中国矿业大学(北京)城市地下工程科研团队及四川兴蜀工程勘察设计集团有限公司通过众多深基坑支护实践经验的积累,初步获得了不同地层条件支护结构受力变形以及周围地表沉降的规律,为建立深基坑支护结构设计的新理论和新方法打下良好的基础。

　　本书结合我国西南地区的特殊岩土复合地层,考虑了岩层和土层物理力学性质上的差异,分析了深基坑开挖过程对支护结构变形的影响因素,建立了桩(墙)-撑(锚)支护结构内力变形的计算方法;在考虑空间效应的基础上,将现在常用的二维地表沉降分析方法改进为深基坑周边地层沉降的三维预测计算,提高了预测精度;利用开展的室内物理模拟,分析了地面荷载的大小与分布形式对深基坑支护结构产生的影响;采用颗粒流数值计算方法,研究了深基坑开挖过程中土拱产生、发展的细观机理。这些研究为我国不同地区的复合地层、特殊岩土场地的深基坑支护结构计算提供了很好的借鉴,也为西南地区深基坑规范的编制或修订提供了理论支撑。

　　本书编写团队多年来一直致力于深基坑工程安全预控的研究,取得了大量具有工程应用价值的研究成果,且在我国四川、重庆、云南等地区开展深基坑工程的设计、施工与管理等工程中积累了丰富的实践经验,并参与了我国四川地区深基坑规范的编制。他们的知识和经验为本书奠定了理论和应用的基础。本书所论述的深基坑工程变形计算新方法和工程应用,可以为岩土工程专家、学者和广大工程技术人员提供很好的借鉴与参考。

陈景文

教授级高级工程师

# PREFACE 前言

随着我国城市化的快速发展,城市地面资源稀缺及空间利用率低等问题凸显,如何有效利用地下空间成为城市发展的必然。城市化建设需要地上与地下协调发展,综合利用土地,形成土地利用最大化、多层次、立体化的现代城市系统。地下空间作为一种尚未充分利用的资源,越来越受到人们的重视,地下车库、地下商场、城市地下轨道等各种地下设施正在日益增多。随着城市建(构)筑物密度的增加,新建深基坑工程周围常伴随对地层稳定性要求较高的高楼大厦、线路交错的地下管线网、复杂多变的地层结构等距离较近的既有地上、地下建(构)筑物。因此,深基坑支护问题便成为岩土工程界的一个研究热点。早在20世纪40年代就有学者基于基坑支护问题提出一些著名的计算理论,并在基坑支护设计计算方面得到应用。近年来,我国深基坑工程迎来了空前的繁荣,并正逐渐向大深度、大规模、复杂化方向发展。目前在对支护结构变形和地表沉降进行理论分析时,较多地按照二维平面问题进行分析,然而基坑是一个三维空间结构,存在显著的空间效应。在空间效应影响下,支护结构变形和地表沉降有显著差异。因此,在城市深基坑工程建设中,除须弄清支护结构-土体相互作用机理外,还必须准确预测周围地层的变形规律。基于此,本书从以下4个方面来探讨深基坑工程变形计算的新理论。

(1) 支护结构的受力变形是基坑稳定性控制的重点之一,也是基坑设计和施工过程中重点关注的问题。因此,基于不同岩土层在物理力学性质上的差异,在支护桩的内力与变形理论计算时,在不同岩土体分界处作相应调整,同时将基坑开挖过程的影响考虑在内,以基坑开挖面及特殊地层分界面为节点将桩体分段,基于弹性地基梁法分别建立适合各段的理论计算方法,最后整体得到工程背景下的桩-撑支护结构内力变形的计算方法。

(2) 支护结构变形存在显著的空间效应,为预测在空间效应影响下开挖深基坑周边的地表沉降,在计算支护结构变形体积时,分空间效应影响段和未影响段两段计算。未受空间效应影响段围护结构受力和变形可按二维平面问题进行分析,求解出未受空间效应影响段围护结构变形后,并基于空间效应变形系数 $k$,获得空间效应影响下狭长深基坑周边地表沉降的三维预测计算方法。采用数值计算方法,分别研究基坑尺寸、土体内摩擦角、围护结构刚度对 $k$ 值的影响,并给出 $k$ 值的拟合计算公式。

(3) 针对地面荷载的大小与分布形式对地下工程支护结构产生的影响问题,以北京地铁6号线西延田一区间轨排井超深基坑为工程背景,通过物理模拟研究竖向荷载、力与桩距和嵌固深度比等因素对支护桩体变形与内力的影响,并将物理模拟结果与现场实测结果进行对比分析。

(4) 对于土拱效应对深基坑围护桩内力与变形的影响,采用颗粒流数值计算方法,研究深基坑开挖过程中土拱产生、发展的细观机理,然后进一步深入研究桩间距、桩半径、距径比、摩擦系数等因素对桩土相互作用力的影响。

本书主要研究成果是在国家自然科学基金(51508556、51274209),北京市国资委重点项目——盾构穿越集中风险源区域三维动态管控与施工综合技术研究与应用,"十三五"国家重点研发计划子课题(2016YFC080250504),中国矿业大学(北京)杰出越琪学者、中国矿业大学(北京)青年越琪学者项目的资助下完成的。本书撰写过程中得到有关专家指导与帮助,在此一并表示感谢。

与此同时,作者十分感谢何满潮院士、陶龙光教授、杨庆教授级高工、高全臣教授、单仁亮教授、侯公羽教授、江玉生教授、郭东明教授、周予启教授级高工、陈阵教授级高工、陈昌禄教授、乐建高级工程师、李幻博士等提出的宝贵修改意见和建议。本书编写过程中,始终得到硕士研究生朱连华、邵文、霍九坤、贾奥运、杨依伟、刘学成、王彦龙、黄晓冀及博士研究生侯蕊和韩茜等的大力帮助和支持,借此机会向他们表示衷心感谢!

由于作者的水平所限,书中难免存在不足之处,敬请读者与专家批评指正。

作 者

2021 年 10 月

CONTENTS

# 第*1*章

# 绪　论

## 1.1　研究背景与意义

随着我国城市化的飞速发展,城镇建设中出现了交通拥堵、地面资源稀缺及空间利用率低等问题,因此城市地下空间的有效利用已是城市发展的必然要求。自 21 世纪伊始,我国各省市陆续开展了地下车库、地下商业综合体及城市地下轨道交通等工程项目的建设,如北京国贸的地下街、北京王府井的大型地下 3 层商业街等,基坑开挖深度也从一开始的 5.0m 左右到现在的 30.0m 以上。目前,地下工程方面的理论研究仍存在许多未知,工程实践多基于经验性积累,不能有效地解决地下空间飞速发展带来的一些问题,特别在城市深基坑工程建设中,周围环境往往是稳定性要求较高的高楼大厦、线路交错的地下管线网、复杂多变的地层结构,常有一些基坑涌水、周围地层滑塌、邻近城市管线或建(构)筑物的破坏等严重工程事故发生。例如,北京地铁奥运支线站基坑发生坍塌事故;杭州地铁湘湖站基坑发生坍塌事故等。此外,因基坑施工导致附近地面沉降超出控制值,地面及建筑物产生较大裂隙,甚至建筑物倒塌的情况也屡见不鲜。因此,开展深基坑工程支护结构稳定性研究是城市地下空间开发的一项重要课题。

基坑工程包含前期地质勘察与设计、土体开挖、支护结构施工、施工过程监测与工程质量检测等多方面,其影响因素较为广泛。因此,在不同区域,基坑工程的设计与施工方法存在较大差异,相同区域不同的地质条件也需采取不同的设计与施工方法。另外,由于深基坑工程开挖深度较大,地层条件复杂,支护结构的稳定性受地面外荷载、施工环境及当地气候的影响较大,存在许多不确定性因素。随着岩土力学理论、计算机技术、测试仪器、施工工艺、施工技术和装备等方面的发展,以及工程经验的积累和丰富,深基坑工程这个重要的研究内容焕发出新的活力。

## 1.2　深基坑工程设计计算的研究现状

基坑工程包含强度、稳定、变形等内容,同时还涉及土与支护结构的共同作用,是综合了地质学、土力学、结构力学等多门学科的综合性系统工程[1]。20 世纪 40 年代,为了能够有效地估算出挖方的稳定性和基坑支撑结构的荷载,Peck[2] 等首次提出总应力法。50 年代,基坑底板隆起现象受到越来越多学者的关注,Bjerrum 和 Eide 结合大量基坑工程实例,提出一整套系统的分析底板隆起的方法。60 年代,监测仪器开始在基坑工程中使用,得到大量的监测数据,并反馈于理论设计。70 年代,制订并出台了指导基坑开挖的法则。我国基坑工程在 80 年代兴起于北京、上海、广州、深圳等城市,截至目前,基坑工程随着我国各类工程项目的建设得到蓬勃发展,众多学者在该领域开展了大量研究工作,各类标准及法律、法规日趋完善,新理论、新工艺、新技术层出不穷,理论水平也有极大提高。

## 1.2.1 支护结构受力与变形的研究现状

基坑工程在人类对地下空间的探索发展路上占据重要位置,一方面它涵盖了岩土力学中典型的岩土压力强度问题,另外其支护结构受力变形的安全与稳定问题也有很多涉及。为了施工技术更加科学,监测技术更加精确,理论研究更加完善,国内外许多学者对基坑支护结构的受力与变形做了大量研究,分析考虑了更多的影响因素,总结了不同工程的实践经验,得到许多有价值的结论,并进一步完善了理论计算方法。这些重要的成果为以后基坑工程的进一步发展奠定了重要基础。

Peck[2] 分析总结了基坑工程实测数据,认为基坑不同开挖阶段下的围护结构水平变形有较大差异。刚开挖时,最大变形发生在钢板桩的顶部,随着基坑开挖深度的增加,围护结构最大变形也在逐渐向下发展。Ou[3] 通过分析软土地区基坑工程实测数据,给出了围护结构最大水平变形的经验估算值:最大水平变形为 0.002~0.005 倍的基坑开挖深度。Masuda[4] 分析了日本地区 52 个地下连续墙支护的基坑监测资料,给出了砂土层地下连续墙最大水平变形的经验估算值:最大水平变形为 0.0005~0.005 倍的基坑开挖深度。Moormann[5] 结合大量基坑监测变形数据,分析了不同土层下围护结构变形的规律,并且对不同围护结构、支撑系统下的基坑变形进行了详细分析。

马险峰等[6] 通过离心试验研究指出,随着基坑开挖深度的增加,桩体水平位移在不断增大,桩体最大水平位移的位置也在不断向下移动,桩体最大水平位移到了开挖后期基本稳定。房师军等[7] 以具体的地铁车站工程为背景,通过数值模拟的方法,结合现场实际监测数据,分析了基坑各施工阶段围护结构变形规律。俞建霖等[8] 采用空间有限元方法,对基坑围护结构水平变形、地表沉降、坑底隆起的生成和分布规律进行研究,得出基坑开挖深度是影响围护结构水平变形的主要因素这一结论。杨光华[9] 将基坑围护结构简化为竖向弹性地基梁,支撑系统及周边土体用弹簧系统简化,这一套计算方法考虑了施工过程、围护结构插入深度、支撑系统的预加应力、支撑拆除等因素的影响。邓子胜[10] 在弹性地基梁理论的基础上,将地基土的水平基床系数看作受土体距基坑底部距离和支护结构位移影响的非线性函数,建立了不同的计算模型。并且根据这一非线性函数和弹性地基梁挠曲微分方程,求解出围护结构水平变形。

朱彦鹏等[11] 采用弹簧简化排桩锚杆,并给出考虑了桩土作用的弹簧刚性系数 $p$-$y$ 曲线,结合弹性地基梁理论,可求解出支护桩的内力和变形。李涛等[12] 将桩体分为两段,基坑底部之上桩体简化为数量有限的弹性体,基坑底部之下的桩体简化为基坑 Winkler 地基梁,支撑系统统一简化为弹簧模型,采用分段分坐标法和弹性地基梁法,对整个桩体在开挖中的受力和变形进行计算。刘波等[13] 结合实际工程采用 FLAC[3D] 软件进行数值计算,分析了基坑桩锚支护体系水平变形的规律。郑刚等[14] 按照两级支护之间距离的不同,将基坑多级支护的破坏形式分为整体式、关联式和分离式,并且采用抗剪强度折减理论对分离式破坏模式进行详细研究。侯世伟等[15]进行土木试验,分别分析了砂土、黏土和基坑围护结构接触面的力学性能,根据试验结果进行计算并与实测值进行对比分析,结果显示,在考虑桩土相互作用时需按非线性进行分析。王超等[16]详细介绍了采用最小二乘法拟合桩体变形的方法。

正因为大量研究者的不断探索与发现,不断对计算方法进行改进与升级,不断提高计算精度,使得我们的技术变得越来越先进,然而在关于地下工程方面的一些计算方法上,还存在一定的不足,仍需要研究者们继续去发现、学习与完善。

## 1.2.2　桩-撑支护结构设计计算方法

桩-撑支护结构理论计算方法发展到现在比较受认可与使用较多的计算方法主要有以下三种:第一种计算方法是基于结构力学中力的平衡方程发展而来的考虑土压力与支撑力相互平衡的极限平衡法;第二种计算方法是基于弹性地基梁假设发展而来的弹性地基梁法;第三种计算方法是应用计算机编程技术的有限元或有限差分数值计算法。第一种计算方法中有假定地基反力函数随基坑深度方向为线性变化的冈部法及布罗姆斯(Broms)[17]法等;还有假定反力函数为深度二次抛物线形分布的 Engel-物部[18]法及假定反力函数为深度的任意指数的桩体挠度曲线法等[19]。第一种算法只能够用于埋深不大时的刚性短桩的变形计算。

弹性地基梁法是目前工程设计中常用的计算方法,其理论原理是将支护桩体视为竖向放置的 Winkler 假定的地基梁,即将桩-土间相互作用与桩-撑间相互作用假定为一个个独立弹簧的作用,弹簧变形系数为与桩侧土的物理力学性质及深度有关的一系数,规范中可称为基床系数。计算方法可分为假定基床系数与深度变化无关的张有龄[20]法;由 Rowe[21]、Reese 及 Matlock[22]等国外学者提出的假定基床系数函数为随深度一次函数分布的计算方法;假定反力函数为深度方向上任意指数分布的 Palmer-Thompson[23]法,以及我国建筑基坑和公路等规范中常用的 m 法[24-26],根据规律的不同此法又可分为 0.5 指数关系的 c 法、凹抛物线分布的 k 法等[27]。国内学者在此基础上做了大量贡献。

周铭[28]基于 Winkler 假定,介绍了土抗力系数呈三角形分布的 m 法,土抗力系数为抛物线分布的 k 法,以及日本的随指数 $n=0$、0.5、1、2 时分布的计算方法。吴恒立[29-31]对现行的 k 法与 m 法等单一参数计算方法进行对比分析,总结了单一参数法存在的不足,发现桩顶处的挠度与转角不能同时满足实测值,就此提出了双参数法,即通过两个参数 $m$ 和 $t$ 来调整,使得计算能够适应某些实际问题的需要,并将理论通过大量实例计算分析得出,k 法的分布图式适用于桩体变形系数 $a_x$ 在 1.5～2.5 范围内的情况,当变形系数 $a_x$ 不在 1.5～2.5 范围内时计算得到的弯矩值衰减比实测值要快。并将双参数法推广到了更广的范围,即现有的各种弹性地基梁计算方法只是其双参数法的特例。此外,还考虑桩土间的相互作用,创新性地提出了综合刚度原理及其计算方法。陈炎玮等[32]总结了基坑中支护结构与土及地下水的相互作用、因暴雨或环境影响等因素造成的土体参数的变化等影响支护结构稳定的因素,应用假定围护桩弯矩为零处作为转动铰的山肩帮南近似法对实际工程进行计算,并将计算结果与设计院设计值做对比,验证了其方法的可行性。

张耀年[33]对横向承载桩的变形微分方程进行推导,并考虑桩顶不同边界条件下运用级数方法表示出微分方程的通解,为横向承载桩体在各种支端边界条件下的求解提供了便利。

杨学林等[34]，结合深基坑工程施工特点，提出考虑深基坑工程分步开挖、隧道支撑等动态施工因素影响的带支护结构的计算方法。计算中假设水平支座为一弹性支座，刚度用支撑体系的等效刚度，在考虑基坑开挖过程的影响后，钢支撑位置处的实际水平位移为总的水平变位减去支撑施做前的初变位。作者通过实例计算对比得出，考虑分步开挖过程影响的计算方法可以使理论计算结果更加接近现场实测结果，特别是桩体弯矩的变化曲线。戴自航等[35]对现行行业规范及各手册中所采用的 m 法进行了总结，指出在多个岩土层下规范中应用的取一定桩径深度范围土的地基反力系数加权平均换算得出的值来进行桩体内力变形计算的不足，即没有考虑更深岩土层与桩体变形的影响。

肖启扬[36]根据对基坑桩-撑支护结构现场监测数据的总结和分析，发现基坑开挖过程对支护结构变形的影响，即支撑结构位置处在支撑安装前会产生一定的变位，在线弹性地基梁法与 m 法的基础上，提出考虑基坑开挖过程影响的计算方法，将计算结果与现场实测数据对比得到，考虑开挖过程影响的桩体弯矩计算结果更加接近实测数据。翟永亮[37]在弹性地基梁法基础上，以某地铁车站深基坑工程为研究背景，研究了地基系数 m 值随基坑开挖土压力变化而变化的情况，整理现场支护体系内力和变形监测数据，根据不同工况下现场监测数据曲线的变化趋势拟合反算出不同土层的地基系数 m 值，并应用反算所得 m 值进行后期工程的理论计算及数值模拟分析。得到正确的 m 值对基坑工程的设计至关重要，m 值的影响因素很多，通过实际工况反推得到的 m 值计算出的支护体系的内力和变形与实测值吻合得更好。朱彦鹏等[38]对以往的桩锚支护体系计算方法进行总结，并分析了桩土相互作用机理，在理论计算方法中考虑桩-土间的非线性相互作用及预应力锚杆结构体系的变形协调作用，通过应用提出的计算方法与规范中弹性地基梁等方法计算结果对比，并通过相似试验进行验证，结果得出其考虑锚杆支护体系变形协调作用的计算方法得到的结果更为精确。张磊等[39]计算地基反力系数不仅考虑了沿深度方向的影响，同时还考虑了地表处土反力的影响，提出在大荷载情况下土体由弹性进入塑性流动状态时桩体变形和内力的计算方法，通过工程实例分别运用本文考虑土体塑性流动的方法与未考虑土体塑性流动的方法进行计算分析，所得结果与实际工程测的数据对比得到：考虑土体塑性流动计算得到的结果更接近实测值，并发现桩顶边界条件对计算结果影响很大，桩顶固定条件下，计算得到的最大弯矩在桩顶位置；当桩顶自由时，最大弯矩位置随水平力和力矩变化而改变。张爱军等[40]在基坑桩-撑支护结构受力变形计算分析中考虑了中心岛式施工法的影响。戴自航等[41]将吴恒立提出的桩基计算中的双参数法与综合刚度原理方法应用在基坑桩-撑支护结构内力变形计算中，即将基坑开挖面以下因桩体变形产生的土抗力分布形式视为非线性分布，同时将桩体刚度看成随基坑开挖过程的一个变量，通过现场实测数据反算出各开挖阶段下的土抗力系数值即综合刚度值，再代入桩体微分方程计算其内力与变形，作者将所得结果与现行规范常用 m 法比较得到：考虑不同开挖阶段下不同参数的双参数法及综合刚度原理计算所得结果与实测值更接近，特别是桩体最大弯矩位置与实测基本相同。另外，张尚根等[42]、盛春陵等[43]、王超[44]、李涛等[45]学者不断在基坑支护结构理论计算研究路上一步步地探索。随着科学技术的进步，科学计算技术的逐渐改进，各学者们不断地深入研究，使得支护结构的变形计算方法得到逐渐完善。

### 1.2.3 深基坑周围地表沉降的研究现状

现阶段,基于设计理念、施工工艺的提高,基坑的强度和稳定性已能够得到保证,但是在场地狭窄、环境复杂的市区,基坑自身的安全与稳定已不是工程师的唯一要求,严格控制基坑周边地层的移动具有更为重要的意义。基坑开挖过后周边土体会产生沉降,如果沉降过大或产生不均匀沉降,会对附近建(构)筑物、地下管线、交通、市政设施的安全产生非常严重的影响。因此,国内外众多学者对此进行了大量的研究。

文献[46]通过分析基坑工程地表沉降实测资料,分别给出了不同土体中距基坑边距离与地表沉降值之间的经验关系曲线。文献[47]为了计算围护结构最大变形和地表最大沉降值,将有限元法和经验法结合在一起,提出了稳定安全系数法。侯学渊等[48]分析了盾构法施工时的 Peck 和 Schmidt 公式,在此基础上提出了现阶段广泛使用的地层损失法的概念。马险峰[6]等做了离心试验研究,结果表明:地表沉降速率在基坑刚开挖时较大,随着开挖的进行地表沉降速率逐渐平稳,开挖完成时地表沉降呈凹槽形。李淑等[49]对北京地区若干个地铁车站基坑的监测数据进行了统计分析,研究结果显示地表最终沉降形态为凹槽形,地表最大沉降值与开挖深度呈正相关,与桩体插入比呈负相关。地表沉降值约为 $0.1H$($H$ 为基坑开挖深度),地表最终沉降值小于地表最大沉降值。张震等[50]收集了 23 个小宽深比基坑的监测资料,着重分析了小宽深比基坑和普通基坑变形规律的差异,并且分析了基坑形状、支护形式的不同对差异结果的影响。宋顺龙[51]着重研究了基坑围护结构最大水平位移和最大地表沉降,分析了不同施工阶段、不同基坑尺寸等因素下围护结构水平位移、地表沉降的变化规律。张尚根等[52]首先分析了 20 个软土基坑的实测数据,总结出围护结构变形、地表沉降的特点,然后给出地表沉降范围、地表沉降和围护结构变形的简化曲线,根据地表沉降和围护结构变形包络曲线的关系求出任一点地表沉降。

傅艳华等[53]采用黏弹塑性模型进行了有限元分析,该模型的优点是考虑到了时间效应,数值计算结果显示:基坑开挖深度增加的同时,地表最大沉降点向着远离基坑的方向移动,距基坑边 $1H$ 处是地表最大沉降点位置,地表沉降影响范围约为 $3H$。唐孟雄等[54]将地表沉降曲线简化为正态分布曲线,并给出求解地表沉降中各参数的推导公式,根据给出的地表变形公式可求解任意位置处地表沉降。张永进[55]采用有限元法,分析了地表沉降在不同土体泊松比 $\nu$ 下的差异,同时以地表沉降体积为标准,给出了计算地表最大沉降的方法公式。尹光明[56]在其博士学位论文中,分别采用模糊神经网络理论、极限平衡法、有限元法、随机介质理论对基坑围护方法模型、围护结构受力、地表建筑物位移、地表沉降进行分析。李小青等[57]在已有地表沉降计算方法研究基础上,结合软土地区地表沉降的特点,提出了地表沉降在软土层中的计算方法。刘贺等[58]优化了初始权值和阈值,他参考现有的现场实测数据作为神经网络的输入参数,建立了基于粒子群优化神经网络算法,并根据此算法可以预测深基坑变形。

蔺俊林[59]结合国内外研究现状,借助模型计算对地表沉降的时序问题进行了深入分析,有助于施工过程中分阶段重点控制地表沉降。李永靖等[60]以实际工程为依托,采用数值计算方法进行地表沉降的分析,并且对计算模型中的参数进行详细的阐述。郭健等[61]收集了大量武汉地区深基坑工程的现场实测数据,提出了小波分析法和径向基神经网络混合建模的方法,利用此方法可对基坑围护结构后的地表沉降进行预测分析。廖少明等[62]收集了苏州地区 11 个围护桩方形基坑和 23 个地下连续墙长条形基坑的监测资料,对比分析了不同支护形式、不同尺寸下基坑的变形特性。王绍君等[63]通过工程实例分析认为,在基坑刚开挖时适当增大支撑结构刚度可有效减小地表沉降值,对墙底 3m 深度内的土体进行加固可有效地控制地表沉降。李元勋等[64]在地层损失法理论基础上考虑了超载作用,分析了超载作用地表沉降的规律和地表沉降曲线的形式,并进一步推导出超载作用下地表沉降的计算公式。

黄明等[65]以厦门地铁车站基坑为工程背景进行模型试验,详细分析了地表沉降、围护结构受力和变形的情况。徐青等[66]首先指出 Logistic 模型、ARMA 模型在预测地表沉降时准确度较低的缺点,并进一步提出 Logistic-ARMA 组合模型,组合模型预测值和工程实测值较为接近,验证了组合模型的合理可靠性。基坑开挖之前有效预测出基坑周边地表沉降值,在设计、施工阶段采取相应措施保证周边环境的安全尤为重要。国内外众多学者在此方面取得的进展有助于更好地保证基坑施工的安全进展。

## 1.2.4 深基坑空间效应的研究现状

目前,预测研究深基坑周边地表沉降时,通常把深基坑问题视为一个二维平面问题,然而地铁车站基坑是一个三维空间结构,存在显著的空间效应。如果忽略其空间效应的影响,基坑周边地表沉降的预测会产生偏差。基坑工程的空间效应问题已经引起国内外学者、工程师的共同关注,并对此做出了大量有价值的研究工作。

Ou 等[67]提出了基坑平面应变比(plain strain ratio,PSR)的概念,分析得出空间效应的影响范围与基坑的长宽比 $L/B$ 密切相关。Finno 等[68]认为:在计算 PSR 值时,采用基坑长深比 $L/H$ 比采用基坑长宽比 $L/B$ 更好;通过研究还指出,当基坑长深比 $L/H \geqslant 6$ 时,距基坑端部 $3H$ 外的区域可不考虑空间效应影响,围护结构的受力、变形可按二维平面应变状态求解。Roboski 等[69]进行了多次数值计算,根据数值计算结果,拟合分析得出了经验公式,假设有平面应变状态下的土体位移,利用该公式可以推测出三维条件下的土体位移。Lee 等[70]结合监测值和有限元结果表明,开挖引起基坑变形的空间效应显著,且主要受基坑开挖深度、支护刚度等因素影响。黄强[71]根据经典土压力理论及边坡稳定分析方法,提出空间效应影响范围的计算方法。

杨雪强等[72]以无黏性土为例,土的极限平衡分析理论和塑性上限理论被运用到理论分析中,最后详细给出了空间效应作用下土压力的计算公式。雷明锋等[73]在杨雪强研究基础上引入等代内摩擦角概念,给出了黏性土、无黏性土在空间效应作用下的土压力及空间效应系数计算公式。丁继辉等[74]以弹性抗力法为基础,创新性地引入土压力发挥系数这一概念,并且给出其计算公式。郑惠虹[75]对无黏性土基坑边坡进行受力分析时采用三维滑楔模型,得出土压力在双剪统一强度理论下的分布规律,并将计算结果与莫尔-库仑理论计算结果进行对比分析。李大鹏等[76]根据空间效应的形成机理,分析了不同土体微元的应力状态,推导出空间效应作用下土应力的计算公式。李连祥等[77]根据实际工程采用 PLAXIS3D 软件进行数值计算,给出了空间效应作用下基坑变形的规律,并且分析了基坑不同长度、不同宽度、不同插入比因素下的变形差异,最后给出了基坑变形的计算公式。李镜培等[78]结合上海市五坊园基坑工程的监测资料,分析了空间效应作用下围护结构受力和变形、支撑轴力、周边地表沉降和管线位移的变化规律。俞建霖等[79]采用三维空间有限单元法研究了基坑开挖过程中的几何尺寸效应,并与按二维平面问题分析的结果进行比较。刘念武等[80]通过现场监测,研究分析了开挖深度、围护结构类型等因素对空间效应的影响。贾敏才等[81]通过室内模型试验及 FLAC$^{3D}$ 数值模拟,分析了基坑尺度对墙后土压力坑角效应的影响规律。阮波等[82]采用数值计算方法对基坑的空间效应问题进行分析,认为空间效应的影响范围随着基坑开挖深度增加而增大,但增幅逐渐减小,一般为 2～3 倍基坑开挖深度。

综上所述,国内外学者通过理论分析、模型试验、数值模拟和现场实测等方法,分析了基坑开挖过程中支护结构变形和内力的变化规律;从各方面对桩-撑支护结构的计算方法及实例应用做了大量有价值的研究工作;研究了基坑开挖导致的周边地表沉降的分布形式及规律,并且给出地表沉降的预测计算方法;阐述了空间效应作用下围护结构变形的差异,并且基于不同的理论推导了在空间效应作用下围护结构上的土压力。这些研究有助于我们正确认识基坑及周边环境在开挖过程的变形和受力情况。

# 1.3 主要研究内容

随着我国城市建设的高速发展,基坑开挖规模和深度在不断加大,基坑工程已成为岩土工程的主要课题之一。基坑工程既涉及土力学中典型的强度与稳定问题,又包含了变形问题,同时还涉及土与支护结构的相互作用,是综合工程地质学、土力学、弹塑性力学、施工技术及环境工程等多门学科的系统工程。我国基坑工程开始于 20 世纪 80 年代,主要出现在北京、上海、广州、深圳等大型城市,从 90 年代开始,我国基坑工程蓬勃发展,国家行业标准及法律法规得到完善,众多学者在该领域开展了大量研究工作,找到了新的研究方法,理论水平得到很大提高。随着我国城市化进展,地上与地下协调发展,形成土地利用最大化、多层次、立体化的现代城市系统成为必然,而新建深基坑工程周围常有距离较近的既有地上、地下建(构)筑物,因此,深基坑工程支护结构-土体相互作用机理,以及周围地层的变形控制便成为研究重点。基于此,从支护结构-土体相互作用入手,考虑支护桩与支撑结构的变形协调,将支撑结构视为弹簧杆件,并将地基反力函数分段,应用分段独立坐标法推导并建立桩体挠度微分方程,采用数值方法求解支护桩变形量,而后为预测在空间效应影响下开挖深基坑周边的地表沉降,引入 $k$ 值定量描述空间效应影响,推导出空间效应影响下狭长深基坑周边地表沉降的三维预测计算方法。在此基础上,针对地面荷载的大小与分布形式对地下工程支护结构产生的影响问题,开展室内物理模拟,分析了地面荷载的大小与分布形式对地下工程支护结构产生的影响。采用颗粒流数值计算方法,研究了深基坑开挖过程中土拱产生、发展的细观机理。

# 第**2**章

# 深基坑支护结构水平荷载与计算模型

## 2.1 支护结构的土压力计算方法

作用在支护结构上的水平荷载主要是水土压力。挡土结构上的土压力计算是个比较复杂的问题,根据不同的计算理论和假定,有不同的土压力计算方法,每种土压力计算方法都有各自的适用条件和局限性,其中代表性的经典理论有朗肯土压力理论和库仑土压力理论。

朗肯土压力理论根据土体中各点处于平衡状态的应力条件直接求出墙背上各点的土压力,其理论概念明确、公式简单易用、计算简洁,受到工程设计人员的欢迎。因此,《建筑基坑支护技术规程》(JGJ 120—2012)中深基坑支护结构土压力计算采用朗肯土压力计算方法。库仑土压力理论根据墙背与滑动面间的楔体处于极限平衡状态的静力平衡条件求总土压力,其假定适用范围较广,对墙壁倾斜、墙后填土面倾斜情况也适用,同时还考虑了墙背与填土的摩擦力。

## 2.1.1 支护结构顶部在地面处的土压力计算

作用在支护结构外侧的主动土压力强度标准值 $p_{ak}$,其分布范围为支护结构顶部到底部。作用在基坑内侧的被动土压力强度标准值 $p_{pk}$,其分布范围为开挖面到支护结构底部(即嵌固段)。支护结构上的土压力强度计算简图如图 2-1 所示。

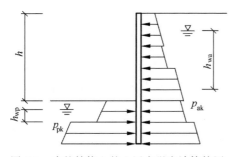

图 2-1　支护结构上的土压力强度计算简图

**1. 地下水位以上或水土合算土层的土压力**

$$\begin{cases} p_{ak} = \sigma_{ak} K_{a,i} - 2c_i \sqrt{K_{a,i}} \\ K_{a,i} = \tan^2\left(45° - \dfrac{\varphi_i}{2}\right) \end{cases} \quad (2\text{-}1)$$

$$\begin{cases} p_{pk} = \sigma_{pk} K_{p,i} + 2c_i \sqrt{K_{p,i}} \\ K_{p,i} = \tan^2\left(45° + \dfrac{\varphi_i}{2}\right) \end{cases} \quad (2\text{-}2)$$

式中:$p_{ak}$ 为支护结构外侧,第 $i$ 层土中计算点的主动土压力强度标准值,kPa,当 $p_{ak} < 0$ 时,应取 $p_{ak} = 0$;$\sigma_{ak}$,$\sigma_{pk}$ 分别为支护结构外侧、内侧计算点的土中竖向应力标准值,kPa,计算式见后;$K_{a,i}$,$K_{p,i}$ 分别为第 $i$ 层土的主动土压力系数、被动土压力系数;$c_i$ 为第 $i$ 层土的黏聚力,kPa;$\varphi_i$ 为内摩擦角,(°);$p_{pk}$ 为支护结构内侧,第 $i$ 层土中计算点的被动土压力强度标准值,kPa。

**2. 水土分算土层的土压力**

$$p_{ak} = (\sigma_{ak} - u_a) K_{a,i} - 2c_i \sqrt{K_{a,i}} + u_a \tag{2-3}$$

$$p_{pk} = (\sigma_{pk} - u_p) K_{p,i} + 2c_i \sqrt{K_{p,i}} + u_p \tag{2-4}$$

$$u_a = \gamma_w h_{wa} \tag{2-5}$$

$$u_p = \gamma_w h_{wp} \tag{2-6}$$

式中：$u_a$，$u_p$ 分别为静止地下水的支护结构外侧、内侧计算点水压力，kPa；$\gamma_w$ 为地下水重度，kN/m³，取 $\gamma_w = 10$kN/m³；$h_{wa}$ 为基坑外侧地下水位至主动土压力强度计算点的垂直距离，m，对承压水，地下水位取测压管水位；$h_{wp}$ 为基坑内侧地下水位至被动土压力强度计算点的垂直距离，m，对承压水，地下水位取测压管水位。

**3. 土中竖向应力标准值的计算**

土中竖向应力标准值主要是基坑内外土的自重（包括地下水），还有基坑周边既有和在建的建（构）筑物荷载、基坑周边施工材料和设备荷载、基坑周边道路车辆荷载等。

土中竖向应力标准值按照下式计算：

$$\sigma_{ak} = \sigma_{ac} + \sum \Delta\sigma_{k,j} \tag{2-7}$$

$$\sigma_{pk} = \sigma_{pc} \tag{2-8}$$

式中：$\sigma_{ac}$ 为支护结构外侧计算点，由土的自重产生的竖向总应力，kPa；$\sigma_{pc}$ 为支护结构内侧计算点，由土的自重产生的竖向总应力，kPa；$\Delta\sigma_{k,j}$ 为支护结构外侧第 $j$ 个附加荷载作用下，计算点的土中附加应力标准值，kPa，应根据附加荷载类型，按式（2-9）～式（2-11）计算。

**4. 支护结构外侧附加荷载引起的土中竖向附加应力标准值**

支护结构外侧常见的附加荷载有三类：①地面作用大面积均布竖向附加荷载；②基坑边的建（构）筑物引起的附加荷载（作用在地面以下）；③地面作用局部附加荷载。

均布竖向附加荷载作用（图 2-2）在地面，土中竖向附加应力标准值计算公式为

$$\Delta\sigma_k = q_0 \tag{2-9}$$

式中：$q_0$ 为均布竖向附加荷载标准值，kPa。

条形基础附加荷载作用（图 2-3）下，土中竖向附加应力标准值计算公式如下：

当 $d + a/\tan\theta \leqslant z_a \leqslant d + (3a+b)/\tan\theta$ 时，

$$\Delta\sigma_k = \frac{p_0 b}{b + 2a} \tag{2-10}$$

式中：$p_0$ 为基础底面附加应力标准值，kPa；$d$ 为基础埋置深度，m；$b$ 为基础宽度，m；$a$ 为支护结构外边缘至基础的水平距离，m；$\theta$ 为附加荷载的扩散角，(°)，宜取 $\theta = 45°$；$z_a$ 为支护结构顶面至土中附加竖向应力计算点的竖向距离，m。

当 $z_a < d + a/\tan\theta$ 或 $z_a > d + (3a+b)/\tan\theta$ 时，取 $\Delta\sigma_k = 0$。

矩形基础附加荷载作用（图 2-3）下，竖向附加应力标准值计算公式如下：

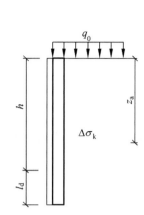

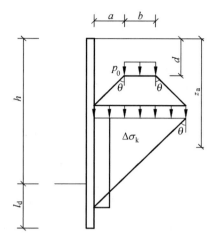

图 2-2　均布竖向附加荷载作用　　　　　图 2-3　条形基础或矩形基础附加荷载作用

当 $d+a/\tan\theta\leqslant z_a\leqslant d+(3a+b)/\tan\theta$ 时，

$$\Delta\sigma_k=\frac{p_0bl}{(b+2a)(l+2a)} \tag{2-11}$$

式中：$b$ 为与基坑边垂直方向上的基础尺寸，m；$l$ 为与基坑边平行方向上的基础尺寸，m。

当 $z_a<d+a/\tan\theta$ 或 $z_a>d+(3a+b)/\tan\theta$ 时，取 $\Delta\sigma_k=0$。

当局部的条形荷载或矩形荷载作用在地面时，式(2-10)、式(2-11)中取 $d=0$ 即可。

## 2.1.2　支护结构顶部在地面以下的土压力计算

当支护结构顶部低于地面，其上方采用放坡或土钉墙时，支护结构顶面以上土体对支护结构的作用宜按库仑土压力理论计算，也可将其视作附加荷载并按下列公式计算土中附加竖向应力标准值，如图 2-4 所示。

当 $a/\tan\theta\leqslant z_a\leqslant (a+b_1)/\tan\theta$ 时，

$$\Delta\sigma_k=\frac{\gamma h_1}{b_1}(z_a-a)+\frac{E_{ak1}(a+b_1-z_a)}{K_a b_1^2} \tag{2-12}$$

$$E_{ak1}=\frac{1}{2}\gamma h_1^2 K_a-2ch_1\sqrt{K_a}+\frac{2c^2}{\gamma} \tag{2-13}$$

当 $z_a>(a+b_1)/\tan\theta$ 时，

$$\Delta\sigma_k=\gamma h_1 \tag{2-14}$$

当 $z_a<(a+b_1)/\tan\theta$ 时，

$$\Delta\sigma_k=0 \tag{2-15}$$

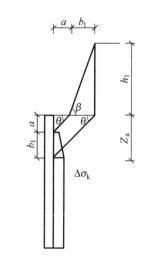

式中：$z_a$ 为支护结构顶面至土中附加竖向应力计算点的竖向距离，m；$a$ 为支护结构外边缘至放坡坡角的水平距离，m；$b_1$ 为放坡坡面的水平尺寸，m；$\theta$ 为扩散角，(°)，宜取 $\theta=45°$；$h_1$ 为地面至支护结构顶面的竖向距离，m；

图 2-4　支护结构顶部以上放坡

$\gamma$ 为支护结构顶面以上土的天然重度，kN/m$^3$，对多层土取各层土按厚度加权的平均值；$c$

为支护结构顶面以上土的黏聚力,kPa;$K_a$ 为支护结构顶面以上土的主动土压力系数,对多层土取各层土按厚度加权的平均值;$E_{ak1}$ 为支护结构顶面以上土体的自重所产生的单位长度主动土压力标准值,kN/m。

# 2.2 弹性地基梁计算模型

弹性地基梁是指搁置在具有一定弹性地基上,各点与地基紧密相贴的梁,如铁路枕木、钢筋混凝土条形基础梁等。

弹性地基梁模型将地基看作一个均质、连续、弹性的半无限体,从几何、物理上对地基进行简化,同时反映地基的连续整体性。

基本假定:

(1)弹性地基梁在外荷载作用下产生变形的过程中,梁底面与地基表面始终紧密相贴,即地基的沉陷或隆起与梁的挠度处处相等。

(2)由于梁与地基间的摩擦力对计算结果的影响不大,所以略去不计,因而,地基反力处处与接触面垂直。

(3)地基梁的高跨比较小,符合平截面假定,因此可直接应用材料力学中有关梁的变形及内力计算结论。

将单桩视为 Winkler 地基上的一根竖直梁上作用水平荷载,Winkler 地基则由水平向放置的若干弹簧构成,通过建立竖向梁的挠曲微分方程,计算桩体的弯矩、剪力和挠曲等,如图 2-5 所示。

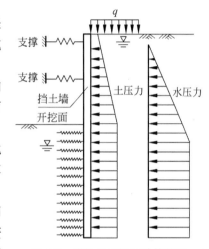

图 2-5 弹性地基梁法计算简图

取长度为 $b_0$ 的支护结构作为分析对象,对其列出如下弹性地基梁的变形微分方程:

$$EI \frac{\mathrm{d}^4 y}{\mathrm{d}z^4} - e_a(z) = 0, \quad 0 \leqslant z \leqslant h_n \tag{2-16}$$

$$EI \frac{\mathrm{d}^4 y}{\mathrm{d}z^4} + mb_0(z - h_n)y - e_a(z) = 0, \quad z \geqslant h_n \tag{2-17}$$

式中:$EI$ 为支护结构的抗弯刚度,kN·m²($E$ 为桩的弹性模量,kN/m²;$I$ 为桩的截面惯性矩,m⁴);$y$ 为支护结构的侧向位移,m;$z$ 为深度,m;$e_a(z)$ 为 $z$ 深度处的主动土压力,kN/m;$m$ 为地基土水平抗力比例系数;$h_n$ 为第 $n$ 步的开挖深度,m。

## 2.2.1 桩的挠曲微分方程

### 1. 挠曲微分方程

桩顶若与地面平齐($z=0$),且已知桩顶作用水平荷载 $H_0$ 及弯矩 $M_0$,此时桩将发生弹性挠曲,桩侧土将产生水平向反力 $p_x$,如图 2-6 所示。

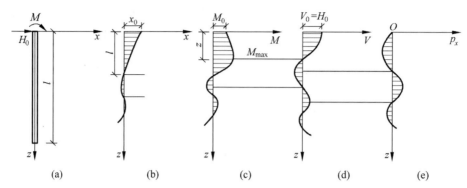

图 2-6 水平受荷桩的挠度、弯矩、剪力、土的水平抗力分布示意

（a）桩荷载；（b）挠度；（c）弯矩；（d）剪力；（e）土的水平抗力

Winkler 地基上桩的挠曲微分方程为

$$EI \frac{\mathrm{d}^4 x}{\mathrm{d}z^4} = -p = -p_x b_0 = -k_x x b_0 = -m z x b_0 \tag{2-18}$$

式中：$E$ 为桩的弹性模量，$\mathrm{kN/m^2}$；$I$ 为桩的截面惯性矩，$\mathrm{m^4}$；$b_0$ 为土反力计算宽度，$\mathrm{m}$；$x$ 为桩在深度 $z$ 处的横向位移，即桩的挠度，$\mathrm{m}$。

定义

$$\alpha = \sqrt[5]{\frac{m b_0}{EI}}$$

将式（2-18）整理为

$$\frac{\mathrm{d}^4 x_z}{\mathrm{d}z^4} + \alpha^5 z x = 0 \tag{2-19}$$

式中：$\alpha$ 为桩的水平变形系数，$1/\mathrm{m}$。

式（2-17）求出的为四阶线性变系数齐次常微分方程，可用幂级数展开的方法，并结合桩底的边界条件求出桩挠曲微分方程的解。具体可参考水平受荷桩计算相关文献。

**2. 土反力计算宽度 $b_0$**

由试验研究分析得出，在水平外力作用下，桩后的桩侧土受到挤压，除桩体宽度内桩侧土受挤压外，在桩体宽度以外一定范围内的土体也受到一定程度的影响（空间受力），且对不同截面形状的桩，土受到的影响范围大小也不相同。

为了将空间受力简化为平面受力，并综合考虑桩的截面形状，将桩的设计宽度 $b$（直径或边长）换算成相当于实际工作条件下的影响宽度 $b_0$，又称桩的土反力计算宽度。

桩的土反力计算宽度可按以下方法确定：

（1）方形截面桩：当实际宽度 $b>1\mathrm{m}$ 时，$b_0=b+1$；当 $b\leqslant1\mathrm{m}$ 时，$b_0=1.5b+0.5$。

（2）圆形截面桩：当桩径 $d>1\mathrm{m}$ 时，$b_0=0.9(d+1)$；当 $d\leqslant1\mathrm{m}$ 时，$b_0=0.9(1.5d+0.5)$。

计算桩体抗弯刚度 $EI$ 时，桩体的弹性模量 $E$，对于混凝土桩，可采用混凝土的弹性模量 $E_c$ 的 0.85 倍（即 $E=0.85E_c$）。截面惯性矩 $I$ 的计算，对于直径为 $d$ 的圆形桩，$I=\pi d^4/64$；对于宽度为 $b$ 的方形桩，$I=b^4/12$。

### 2.2.2 水平抗力系数 $m$

Winkler 地基上竖直梁的水平反力(抗力)与变形的关系为

$$p_x = k_x x \tag{2-20}$$

式中：$p_x$ 为作用在桩体的水平反力，或地基土的水平反力，$kN/m^2$；$k_x$ 为水平反力系数，或水平基床系数，$kN/m^3$；$x$ 为水平变形，$m$。

大量试验表明，地基水平反力系数 $k_x$ 值不仅与土的类别及其性质有关，而且也随深度而变化。由于实测的客观条件和分析方法不尽相同等原因，所采用的 $k_x$ 值随深度的分布规律也各有不同，常采用的地基水平抗力系数 $k_x$ 分布规律有如图 2-7 所示的几种形式。

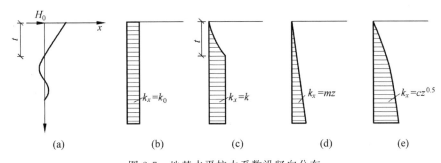

图 2-7 地基水平抗力系数沿竖向分布
(a) 受力示意；(b) 常数法；(c) k 法；(d) m 法；(e) c 法

#### 1. 常数法

假定地基抗力系数沿深度均匀分布，不随深度而变化，即 $k_x = k_0$，单位为 $kN/m^3$，为常数，如图 2-7(b)所示。

#### 2. k 法

假定在桩体挠曲曲线第一挠曲零点以上地基抗力系数随深度增加呈凹形抛物线变化，在第一挠曲零点以下，地基抗力系数 $k_x = k$，单位为 $kN/m^3$，不再随深度变化而为常数，如图 2-7(c)所示。

#### 3. m 法

假定地基抗力系数随深度呈正比例增长，即 $k_x = mz$，如图 2-7(d)所示，$m$ 称为水平抗力系数的比例系数，单位为 $kN/m^4$。

#### 4. c 法

假定地基抗力系数随深度呈抛物线增加，即 $k_x = cz^{0.5}$，如图 2-7(e)所示，$c$ 为比例常数，单位为 $kN/m$。

实测资料表明，m 法(当桩的水平位移较大时)和 c 法(当桩的水平位移较小时)比较接近实际。在采用 m 法进行水平受荷桩设计计算时，水平抗力系数的比例系数 $m$ 应按单桩水平静荷载试验确定，如无试验资料，可参考表 2-1 取值。

表 2-1　水平抗力系数的比例系数（m 法）

| 序号 | 地基土类别 | 预制桩、钢桩 | | 灌注桩 | |
|---|---|---|---|---|---|
| | | $m$ /(MN·m$^{-4}$) | 相应单桩在地面处水平位移/mm | $m$ /(MN·m$^{-4}$) | 相应灌注桩在地面处水平位移/mm |
| 1 | 淤泥；淤泥质土；饱和湿陷性黄土 | 2.0～4.5 | 10.0 | 2.5～6.0 | 6.0～12.0 |
| 2 | 流塑状黏性土（$I_L > 1$），软塑状黏性土（$0.75 < I_L \leqslant 1$）；$e > 0.9$ 粉土；松散粉细砂；松散稍密填土 | 4.5～6.0 | 10.0 | 6.0～14.0 | 4.0～8.0 |
| 3 | 可塑状黏性土（$0.25 < I_L \leqslant 0.75$），湿陷性黄土；$e = 0.75 \sim 0.9$ 粉土；中密填土；稍密细砂 | 6.0～10.0 | 10.0 | 14.0～35.0 | 3.0～6.0 |
| 4 | 硬塑状黏性土（$0 < I_L \leqslant 0.25$）、坚硬状黏性土（$I_L \leqslant 0$），湿陷性黄土；$e < 0.75$ 粉土；中密中粗砂；密实老填土 | 10.0～22.0 | 10.0 | 35.0～100.0 | 2.0～5.0 |
| 5 | 中密、密实的砂砾；碎石类土 | — | — | 100.0～300.0 | 1.5～3.0 |

注：① 当桩顶水平位移大于表列数值或灌注桩配筋率高（$\geqslant 0.65\%$）时，$m$ 值应适当降低；当预制桩的水平位移小于 10mm 时，$m$ 值可适当提高。

② 当水平荷载为长期或经常出现的荷载时，应将表列数值乘以 0.4 降低采用。

③ 当地基为可液化土层时，应将表列数值乘以《建筑桩基技术规范》（JGJ 94—2008）表 5.3.12 中相应的系数 $\Psi_1$。

## 2.3　空间效应作用下支护结构变形数值计算研究

### 2.3.1　空间效应变形系数

#### 1. 空间效应变形系数定义

空间效应作用下，影响范围内桩体水平位移远小于中部桩体水平位移值，桩体水平变形存在显著差异，为定量描述该水平变形差异，同时为了根据基坑中部水平变形预测任意位置处水平变形，引入空间效应变形系数 $k$ 概念，定义为：基坑长边任意位置处桩体的水平变形与基坑中部的桩体最大水平变形的比值。其表达公式如下：

$$k = \frac{\delta_x}{\delta_{\max}} \tag{2-21}$$

式中：$\delta_x$ 为基坑长边任意位置处桩体的水平变形，mm；$\delta_{\max}$ 为基坑中部桩体最大水平变形，mm。

#### 2. 空间效应变形系数规律

为探究基坑空间效应变形系数的规律，利用数值模拟软件，模拟求得相同长度和宽度情况下不同深度基坑的桩体水平位移及空间效应变形系数，并对其进行对比分析。

图 2-8 所示为长 140m、宽 25m、深 20m 基坑 0m、−5m、−10m、−15m、−20m 深度处桩体水平位移。由图可以看出,桩体水平位移随基坑深度增大而先增大后减小,同一基坑各深度处空间效应影响范围基本一致,影响范围约为 30m。

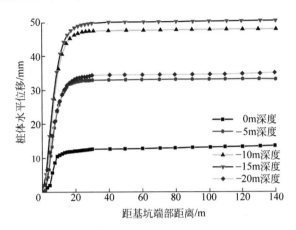

图 2-8　同一基坑不同深度处桩体水平位移

图 2-9 为长 140m、宽 25m、深 20m 基坑 0m、−5m、−10m、−15m、−20m 深度处空间效应变形系数。

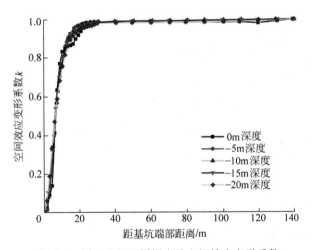

图 2-9　同一基坑不同深度处空间效应变形系数

由图 2-9 可以看出,对于同一基坑:距基坑端部距离相等处空间效应变形系数 $k$ 值基本相等,与所处深度无关,同一基坑竖向截面上各位置处 $k$ 值相等;在 $L/2$ 范围内 $k$ 值变化规律基本一致;基坑端部 $k$ 值为 0;空间效应影响范围内,$k$ 值随着距基坑端部距离增大呈非线性增长,到空间效应作用末端 $k$ 值增长为 1;空间效应影响范围外至基坑中部段,因桩体水平位移不再受空间效应影响,桩体水平位移基本一致,$k$ 值保持为 1。

图 2-10 为长 140m、宽 25m、深 15m 和长 140m、宽 25m、深 25m 基坑−13m 深度处空间效应变形系数。

由图 2-10 可以看出,长 140m、宽 25m、深 15m 基坑空间效应范围约为 22m,长 140m、宽 25m、深 25m 基坑空间效应范围约为 36m。空间效应作用范围外,空间效应变形系数均

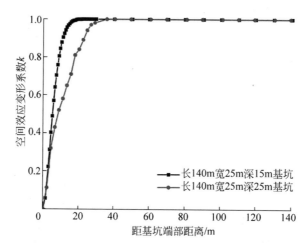

图 2-10　不同基坑同一深度处空间效应变形系数

为 1；空间效应作用范围内，长 140m、宽 25m、深 15m 基坑中，距基坑端部 9m、15m、22m 处空间效应变形系数分别为 0.80、0.97、1；然而在长 140m、宽 25m、深 25m 基坑中，距基坑端部 9m、15m、22m 处空间效应变形系数分别为 0.52、0.71、0.89，距基坑端部同一距离处空间效应系数分别减小 0.28、0.26、0.11。由此可知，对于不同基坑，同一位置处空间效应系数亦有所不同。

### 2.3.2　空间效应变形系数的影响因素分析

通过上述研究可知，不同基坑的空间效应影响范围 $b$ 及变形系数 $k$ 有所差异，为探究影响 $b$ 和 $k$ 的因素，采用控制变量法，重点研究基坑长度 $L$、宽度 $B$、深度 $H$、土体内摩擦角 $\varphi$、围护结构刚度 $E$ 因素的影响。为统一空间效应影响范围，方便对比分析，从而得到普遍适用性规律，引入桩体距基坑端部等效距离 $x'$ 概念，定义如下：

$$x' = \frac{x}{b} \tag{2-22}$$

式中：$x$ 为桩体距基坑端部距离，m；$b$ 为空间效应影响范围，m。

**1. 基坑长度的影响分析**

固定基坑宽度 $B$ 为 25m、深度 $H$ 为 20m，长度 $L$ 分别取 280m、320m、360m 计算分析，开挖完成，桩体水平位移云图如图 2-11 所示。

取 $-13$m 深度处桩体水平位移分析如图 2-12 所示，不同开挖长度下，基坑中部最大桩体水平位移分别为 51.03mm、51.76mm、52.89mm，空间效应影响范围 $b$ 均为 30m，桩体水平位移与空间效应影响范围基本不受基坑开挖长度影响。

对比分析不同开挖深度下，空间效应影响范围内等效距离一致处空间效应变形系数，结果如图 2-13 所示。由图可以看出，因桩体水平位移、空间效应影响范围一致，故在距基坑端部等效距离一致处空间效应变形系数基本相等，不受基坑开挖长度的影响。

**2. 基坑宽度的影响分析**

固定基坑长度 $L$ 为 280m、深度 $H$ 为 20m，宽度 $B$ 分别取 20m、25m、30m 进行计算分

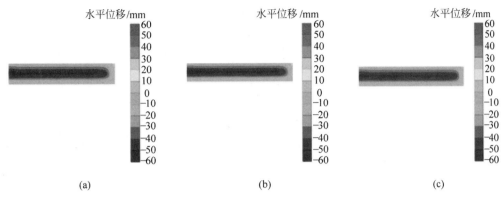

图 2-11　不同开挖长度下桩体水平位移云图

(a) 长 280m；(b) 长 320m；(c) 长 360m

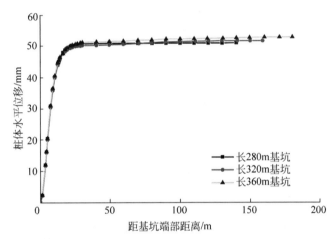

图 2-12　不同开挖长度下桩体水平位移

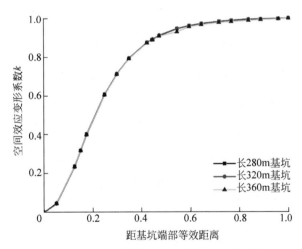

图 2-13　不同开挖长度下空间效应变形系数

析,开挖完成,桩体水平位移云图如图 2-14 所示。

开挖完成桩体最大水平位移均位于−13m 深度处,取−13m 深度处桩体水平位移分析如图 2-15 所示。

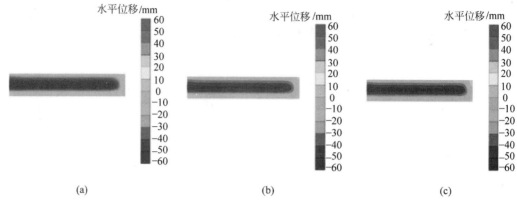

图 2-14 不同开挖宽度下桩体水平位移云图

(a) 宽 20m；(b) 宽 25m；(c) 宽 30m

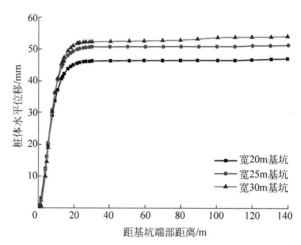

图 2-15 不同开挖宽度下桩体水平位移

由图 2-15 可以看出，基坑开挖宽度为 20m 时，最大桩体水平位移为 47.12mm；基坑开挖宽度为 25m 时，最大桩体水平位移为 51.36mm，较 20m 开挖宽度时增大了 8.99%；基坑开挖宽度为 30m 时，桩体最大水平位移为 54.16mm，较 25m 开挖宽度时增大了 5.45%。由此可知：随着基坑开挖宽度的增加，桩体水平位移随之增大，但是开挖宽度对桩体水平位移影响程度亦是在逐渐减弱的。与此同时，20m、25m、30m 开挖宽度下对应的空间效应影响范围均为 30m，空间效应影响范围不受基坑开挖宽度的影响。

分析不同开挖宽度下等效距离一致处空间效应变形系数，结果如图 2-16 所示。由图 2-16 可知，距基坑端部等效距离一致处空间效应变形系数基本相等，不受基坑开挖宽度的影响。

**3. 基坑深度的影响分析**

固定基坑长度 $L$ 为 280m，宽度 $B$ 为 25m，深度 $H$ 分别取 15m、20m、25m 计算分析，开挖完成，桩体水平位移云图如图 2-17 所示。

取 $-13$m 深度处桩体水平位移分析如图 2-18 所示。由图可以看出，基坑开挖深度为

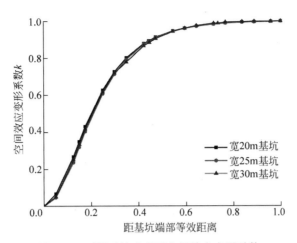

图 2-16 不同开挖宽度下空间效应变形系数

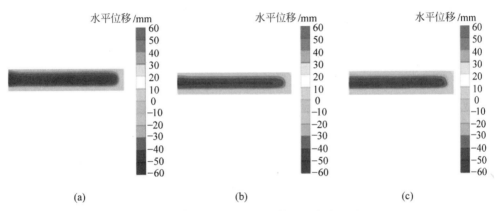

图 2-17 不同开挖深度下桩体水平位移云图

（a）深 15m；（b）深 20m；（c）深 25m

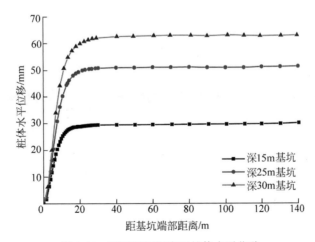

图 2-18 不同开挖深度下桩体水平位移

15m 时,最大桩体水平位移为 30.16mm；基坑开挖深度为 20m 时,最大桩体水平位移为 51.36mm,较 15m 开挖深度时增大了 70.29%；基坑深度为 25m 时,桩体最大水平位移为

62.98mm,较 20m 开挖宽度时增大了 22.62%。由此可知:随着基坑开挖深度的增加,桩体水平位移随之增大,但是开挖深度对桩体水平位移影响程度是在逐渐减弱的。与此同时,15m、20m、25m 开挖深度下对应的空间效应影响范围约为 22m、30m、36m,空间效应影响范围也随开挖深度的增加而增大。

　　对比分析不同开挖深度下,空间效应影响范围内等效距离一致处空间效应变形系数,结果如图 2-19 所示。由图可以看出,距基坑端部等效距离一致处空间效应变形系数基本相等,不受基坑开挖深度的影响。

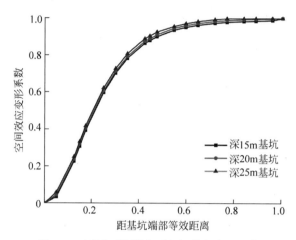

图 2-19　不同开挖深度下空间效应变形系数

### 4. 土体内摩擦角的影响分析

　　固定基坑开挖长度 $L$ 为 280m、宽度 $B$ 为 25m、深度 $H$ 为 20m,土体内摩擦角 $\varphi$ 分别取 25°、30°和 35°进行计算分析,开挖完成,桩体水平位移云图如图 2-20 所示。

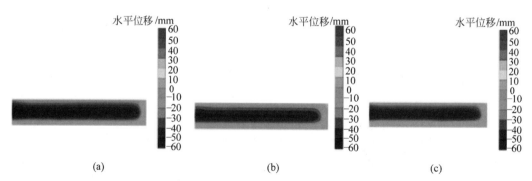

图 2-20　不同土体内摩擦角下桩体水平位移云图
(a) 土体内摩擦角 25°;(b) 土体内摩擦角 30°;(c) 土体内摩擦角 35°

　　选取−13m 深度处桩体水平位移进行分析,桩体水平位移如图 2-21 所示。由图可以看出,当土体的内摩擦角为 25°时,桩体最大水平位移为 68.32mm;当土体的内摩擦角为 30°时,桩体最大水平位移为 51.36mm;当土体的内摩擦角为 35°时,桩体最大水平位移为 38.35mm。由此可见:随着土体内摩擦角的增大,摩擦力也增大,作用于桩体上的主动土压力减小,使得桩体的水平位移也随之减小。与此同时 25°、30°、35°土体内摩擦角对应的空间

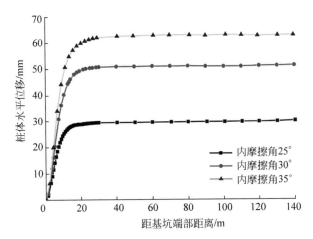

图 2-21 不同土体内摩擦角下桩体水平位移

效应影响范围分别为 23m、30m、40m,空间效应影响范围随着土体内摩擦角的增大而减小。

对比分析不同土体内摩擦角下,空间效应影响范围内等效距离一致处空间效应变形系数,结果如图 2-22 所示。由图可以看出,距基坑端部等效距离一致处空间效应变形系数基本相等,不受基坑开挖深度的影响。

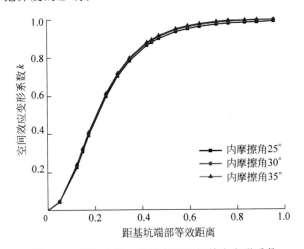

图 2-22 不同土体内摩擦角下空间效应变形系数

### 5. 支护结构刚度的影响分析

为分析围护结构刚度对空间效应的影响,固定基坑长度 $L$ 为 280m、宽度 $B$ 为 25m、深度 $H$ 为 20m,围护结构弹性模量 $E$ 分别选取 25GPa、30GPa、35GPa 进行计算,开挖完成,桩体水平位移云图如图 2-23 所示。

选取 −13m 深度处桩体水平位移进行分析,桩体水平位移如图 2-24 所示。由图可以看出,当弹性模量 $E$ 为 25GPa 时,桩体最大水平位移为 54.21mm;当弹性模量 $E$ 为 30GPa 时,桩体最大水平位移为 51.36mm;当弹性模量 $E$ 为 35GPa 时,桩体最大水平位移为 47.83mm。由此可见:随着围护结构刚度的增大,土压力作用下其抵抗变形的能力逐渐增强,桩体水平位移随之减小。与此同时,25GPa、30GPa、35GPa 围护结构刚度所对应空间效应

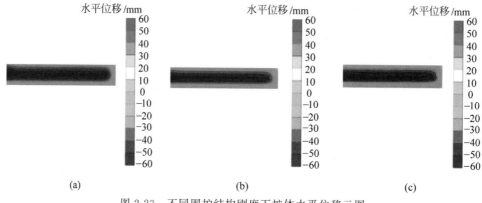

图 2-23 不同围护结构刚度下桩体水平位移云图

(a) $E=25$GPa；(b) $E=30$GPa；(c) $E=35$GPa

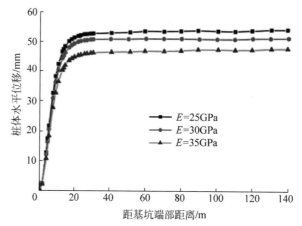

图 2-24 不同围护结构刚度下桩体水平位移

影响范围均为 30m，围护结构刚度对空间效应影响范围无影响。

对比分析不同围护结构刚度下，距基坑端部等效距离相同处空间效应变形系数，结果如图 2-25 所示。由图可以看出，距基坑端部等效距离一致处空间效应变形系数基本相等，不受围护结构刚度的影响。

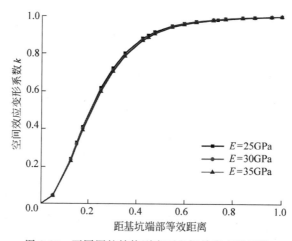

图 2-25 不同围护结构刚度下空间效应变形系数

### 2.3.3　空间效应变形系数计算方法

通过 2.3.2 节分析可知,空间效应影响范围主要受基坑开挖深度及土体内摩擦角影响。距基坑端部等效距离一致处空间效应变形系数为一定值,不受基坑开挖尺寸、土体内摩擦角及围护结构刚度影响。将 2.3.2 节空间效应变形系数计算值归纳、拟合如图 2-26 所示。由图可以看出,基坑端部空间效应变形系数为 0,等效距离为 1.0 时空间效应变形系数值为 1.0,空间效应变形系数随着距基坑端部等效距离增大整体呈非线性增长。增加速率在距基坑端部等效距离小于 0.1 时逐渐增大,在距基坑端部等效距离为 0.1～0.3 之间时基本不变,在距基坑端部等效距离大于 0.3 时逐渐降低。

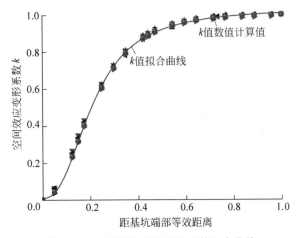

图 2-26　空间效应变形系数及其拟合曲线

通过 Origin 拟合分析可得到空间效应影响范围内空间效应变形系数 $k$ 值计算公式为

$$k = 1 - \frac{1}{1 + (x'/0.2)^{2.5}} \tag{2-23}$$

文献[71]给出了空间效应影响范围理论计算公式为

$$b = H \cdot \cot\left(45° - \frac{\varphi}{2}\right) \tag{2-24}$$

式中:$H$ 为基坑开挖深度,m;$\varphi$ 为土体内摩擦角,(°)。

将式(2-22)、式(2-24)代入式(2-23)可得

$$k = 1 - \frac{0.02H^{2.5}}{0.02H^{2.5} + x^{2.5}\tan^{2.5}\left(45° - \frac{\varphi}{2}\right)} \tag{2-25}$$

综合上述研究分析可知,基坑长边任意位置处空间效应变形系数为

$$k = \begin{cases} 1 - \dfrac{0.02H^{2.5}}{0.02H^{2.5} + x^{2.5}\tan^{2.5}\left(45° - \dfrac{\varphi}{2}\right)} & (0 \leqslant x < b) \\ 1 & (b \leqslant x \leqslant L/2) \end{cases} \tag{2-26}$$

将长度 280m,宽度 25m,土体内摩擦角 30°,深度分别为 15m、20m、25m 基坑的空间效应变形系数计算值与数值计算值进行对比分析,如图 2-27 所示。

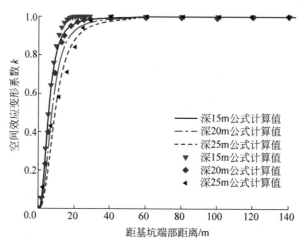

图 2-27　数值计算值与公式计算值对比分析

根据图 2-27 进行度残差分析,可以得出拟合曲线与数值计算数据曲线的拟合程度,从而判断拟合公式的适用性。

各深度下数值计算 $k$ 值的平均值 $\overline{S} = \dfrac{1}{n}\sum\limits_{j=0}^{n} S_{js}$ 和残差平均值 $\overline{\varepsilon} = \dfrac{1}{n}\sum\limits_{j=0}^{n} \varepsilon_j$ 分别为

$$\overline{S}_1 = 0.86, \quad \overline{S}_2 = 0.82, \quad \overline{S}_3 = 0.80,$$

$$\overline{\varepsilon}_1 = 0.02, \quad \overline{\varepsilon}_2 = 0.03, \quad \overline{\varepsilon}_3 = 0.01。$$

各深度下数值计算 $k$ 值的均方差 $S_1^2$ 和残差均方差 $S_2^2$ 分别为

$$S_{11}^2 = 0.07, \quad S_{13}^2 = 0.08, \quad S_{12}^2 = 0.08,$$

$$S_{21}^2 = 0.0003, \quad S_{22}^2 = 0.001, \quad S_{23}^2 = 0.003。$$

计算后验差比值 $C$ 为

$$C_1 = 0.07, \quad C_2 = 0.11, \quad C_3 = 0.19。$$

计算小概率误差 $P$ 如下:

$$P_1 = 0.6745 S_{11} = 0.18, \quad P_2 = 0.6745 S_{12} = 0.19, \quad P_3 = 0.6745 S_{13} = 0.19。$$

所有 $|\varepsilon_j - \overline{\varepsilon}|$ 的结果都小于 $0.6745 S_1$,所以小误差概率 $P = \{|\varepsilon_j - \overline{\varepsilon}| < 0.6745 S_1\} = 1$。

由 Origin 结果可以直接得出数据与曲线相关度 $R = 0.99593$。

拟合精度对照如表 2-2 所示。

表 2-2　拟合精度对照

| 等级指数 | 一级优 | 二级合格 | 三级合格 | 四级不合格 |
|---|---|---|---|---|
| 小误差概率 $P$ | $\geqslant 0.95$ | $0.95 > P > 0.80$ | $0.80 \geqslant P > 0.70$ | $\leqslant 0.70$ |
| 后验差比值 $C$ | $\leqslant 0.35$ | $0.35 < C < 0.50$ | $0.50 \leqslant C < 0.65$ | $\geqslant 0.65$ |
| 关联度 | $\geqslant 0.90$ | $> 0.80, < 0.90$ | $> 0.70, \leqslant 0.80$ | $\leqslant 0.70$ |

根据小误差概率 $P$、后验差比值 $C$ 与关联度的结果可知,本次拟合结果较好,证明数值计算的结果与拟合的公式相符程度很高,可以采用公式计算空间效应变形系数。

# 第**3**章

# 岩-土组合地层深基坑支护结构变形计算

  支护结构的受力变形是基坑稳定性控制的重点之一,也是基坑设计和施工过程中重点关注的问题。深基坑施工主要由土方开挖以及支护结构体系的施工两部分组成,并且具有地质情况复杂多变、对周围建筑和交通环境影响大、施工技术要求高等特点。深基坑各种支护结构中,排桩-钢支撑支护形式适应性广泛、对环境影响程度小并能有效控制基坑内力变形能力等特点,被广泛应用在基坑支护工程中。目前,基坑桩-撑支护结构体系的内力和变形计算方法基本是由桩基础理论计算中常用的线弹性地基梁法发展过来的,也有采用结构力学中荷载结构分析法的连续梁计算方法。上述计算方法均将支护结构简单地看成杆件结构,计算简单明确、成本低,但没有考虑开挖过程及现场复杂地质条件的影响,所得计算结果很难真正反映基坑工程实际,与实际情况相比结果较保守。因此,基坑支护结构受力变形计算过程应结合实际基坑工程的具体情况,对计算方法做出相应调整,从而得到适合对应工程实际的计算分析理论。

  本章节研究的深基坑工程地处岩-土组合地层中,因岩层和土层在物理与力学性质上的较大差异性,支护桩的内力与变形理论计算时应在岩-土分界处作相应调整,同时将基坑开挖过程的影响考虑在内,即在各施工工况下,以基坑开挖面及特殊地层分界面为节点将桩体分段,基于弹性地基梁法分别建立适合各段的理论计算方法,最后整体得到工程背景下的桩-撑支护结构内力变形的计算方法。

## 3.1 岩-土组合地层基坑支护结构受力变形计算理论

### 3.1.1 桩体微分方程的推导

#### 1. 开挖面以下桩体的挠曲微分方程推导

  基于线弹性地基土反力法,其原理是:假定岩土体为弹性体,基坑开挖面以下桩体受力产生变形后,桩后土体会施加给桩一个反力作用,即地基反力,通过微积分方法在梁的弯曲理论基础上来推导开挖面以下桩的挠曲微分方程。

  基坑开挖面以下桩埋入岩土体中,因基坑开挖卸载后受到岩土体侧向荷载作用,桩体受力产生内力与变形,桩体变形反方向的岩土体在受压作用下产生连续的地基反力。理论推导中,为适应数学运算习惯,取横向坐标轴为 $y$,竖向坐标轴为 $x$,荷载取为外荷载与岩土侧向荷载的整合,假设在桩挠度作用下产生的地基反力大小与深度 $x$ 及桩体变形值 $y$ 相关。基坑开挖面以上由于桩体已有变形作用,因此在开挖面处桩体将受到水平力 $Q_0$ 及力矩 $M_0$

初始条件作用,设由开挖面以上土体荷载作用在单位长度桩上的荷载函数表示为 $\bar{q}(x)$,反力函数表示为 $\bar{p}=\bar{p}(x,y)$。基坑开挖面以下桩体受力示意及计算坐标方向如图 3-1 所示。

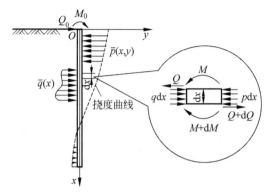

图 3-1　桩体受力方向及单元体受力平衡示意

为具体分析桩体受力情况,在桩所受分布荷载 $\bar{q}(x)$ 区域取一微分单元 $dx$,对该单元体进行受力分析,图 3-1 放大框内即为微段 $dx$ 水平方向的受力平衡图。为保持内力与变形方向计算时与传统方法的一致性,图 3-2 显示为其具体正方向规定。

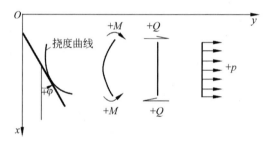

图 3-2　变形和内力的正方向

水平方向分析图 3-2 中微分单元体的受力平衡,建立其内力平衡方程得

$$(Q+dQ)-Q-\bar{p}(x,y)dx+\bar{q}(x)dx=0 \tag{3-1}$$

化简得到

$$\frac{dQ}{dx}=\bar{p}(x,y)-\bar{q}(x) \tag{3-2}$$

由弯矩 $M$ 与剪力 $Q$ 的关系为 $Q=\dfrac{dM}{dx}$,则

$$\frac{dQ}{dx}=\frac{d}{dx}\left(\frac{dM}{dx}\right)=\frac{d^2M}{dx^2}=\bar{p}(x,y)-\bar{q}(x) \tag{3-3}$$

根据材料力学中挠度与弯矩关系,挠度 $y$ 的二阶微分 $\dfrac{d^2y}{dx^2}$ 符号与弯矩 $M$ 常常是相反的,因桩的挠度单位 mm 与桩体长度单位 m 相差 3 个数量级,得到的桩体水平位移曲线一般较平坦,因此对挠度 $y$ 的一阶微分取平方得到的 $\left(\dfrac{dy}{dx}\right)^2$ 值相比 1 而言,基本可以忽略不计,则可以将弯曲微分方程近似写成

$$\frac{\mathrm{d}^2 y}{\mathrm{d}x^2} = -\frac{M}{EI} \tag{3-4}$$

若假定分析段桩体结构为等截面直桩,则桩体的惯性矩 $I$ 为常量,即得桩结构的弯曲刚度 $EI$($E$ 表示桩材料的弹性模量)为常量,将式(3-4)代入式(3-3)中得到

$$\frac{\mathrm{d}^2 M}{\mathrm{d}x^2} = \frac{\mathrm{d}^2}{\mathrm{d}x^2}\left(-EI\frac{\mathrm{d}^2 y}{\mathrm{d}x^2}\right) = -EI\frac{\mathrm{d}^4 y}{\mathrm{d}x^4} = \bar{p}(x,y) - \bar{q}(x) \tag{3-5}$$

$$EI\frac{\mathrm{d}^4 y}{\mathrm{d}x^4} + \bar{p}(x,y) = \bar{q}(x) \tag{3-6}$$

即得开挖面下任意荷载大小时桩的挠曲微分方程表达式为

$$EI\frac{\mathrm{d}^4 y}{\mathrm{d}x^4} + p(x,y) = q(x) \tag{3-7}$$

式中: $q(x)$ 为荷载函数,与深度 $x$ 及外荷载相关; $p = p(x,y)$ 表示岩土地基反力函数,其分布情况与桩体深度 $x$ 及桩变形大小 $y$ 密切相关。对于岩-土组合地层下 $q(x)$ 与 $p = p(x,y)$ 两个函数分布情况的确定将在后续章节作更详细阐述。

**2. 开挖面以上桩体挠曲微分方程推导**

基坑开挖面以上由于土体开挖卸载,相比开挖面以下桩体没有岩土抗力函数 $p(x,y)$ 的作用,只受到基坑外侧岩土体侧向荷载,假设开挖面以上桩体在外荷载与侧向岩土压力下受到线性分布形式侧压力作用,即随深度 $x$ 变化函数可表示为

$$\bar{q}(x) = q_0 + n_0 x \tag{3-8}$$

由式(3-8)可以看出,开挖面以上桩体受力分布形式可看为一梯形荷载作用,即荷载由一个均布荷载 $q_0$ 与一个三角形分布荷载 $n_0$ 组合而得,其中 $n_0$ 表示的是三角形分布荷载随着深度 $x$ 变化的斜率大小, $n_0 = (q_x - q_0)/x$ 。

桩受力变形时,由于开挖面以上不像土中桩体有土抗力 $p(x,y)$ 作用,因此相当于式(3-6)中 $\bar{p}(x,y) = 0$ 的情况,基坑开挖面以上桩体段的挠曲微分方程表达式为

$$EI\frac{\mathrm{d}^4 y}{\mathrm{d}x^4} = \bar{q}(x) \tag{3-9}$$

将式(3-8)的梯形荷载函数代入式(3-9)中,得到基坑开挖面以上桩体受梯形荷载作用下的挠曲微分方程为

$$EI\frac{\mathrm{d}^4 y}{\mathrm{d}x^4} = q_0 + n_0 x \tag{3-10}$$

开挖面以上桩体计算所用坐标方向与梯形受力形式如图 3-3 所示。

式(3-10)为四阶常系数线性齐次微分方程,微分方程的通解可通过分步求微分的方法解出,若用 $A_1$ 、 $A_2$ 、 $A_3$ 、 $A_4$ 四个待定积分常量分别表示分步积分过程中得到的常数项,常数项的确定可通过桩端边界条件、桩体分段处的变形连续条件及力的平衡条件联合求解得到,则桩体受到梯形荷载作用下的挠曲微分方程分步微分计算结果如式(3-11)中 4 个方程所示

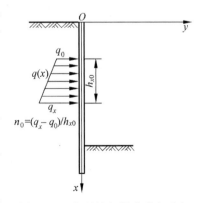

图 3-3 坐标系统与梯形受力示意

$$\begin{cases} y = A_1 + A_2 x + A_3 x^2 + A_4 x^3 + \dfrac{1}{EI}\left(\dfrac{1}{24}q_0 x^4 + \dfrac{1}{120}n_0 x^5\right) \\[2mm] y' = A_2 + 2A_3 x + 3A_4 x^2 + \dfrac{1}{EI}\left(\dfrac{1}{6}q_0 x^3 + \dfrac{1}{24}n_0 x^4\right) \\[2mm] y'' = 2A_3 + 6A_4 x + \dfrac{1}{EI}\left(\dfrac{1}{2}q_0 x^2 + \dfrac{1}{6}n_0 x^3\right) \\[2mm] y''' = 6A_4 + \dfrac{1}{EI}\left(q_0 x + \dfrac{1}{2}n_0 x^2\right) \end{cases} \qquad (3\text{-}11)$$

为运算时方便,将解式(3-11)用矩阵形式表示如下

$$\begin{bmatrix} y \\ y' \\ y'' \\ y''' \end{bmatrix} = \begin{bmatrix} 1 & x & x^2 & x^3 \\ 0 & 1 & 2x & 3x^2 \\ 0 & 0 & 2 & 6x \\ 0 & 0 & 0 & 6 \end{bmatrix} \begin{bmatrix} A_1 \\ A_2 \\ A_3 \\ A_4 \end{bmatrix} + \frac{1}{EI} \begin{bmatrix} \dfrac{1}{24}q_0 x^4 + \dfrac{1}{120}n_0 x^5 \\[2mm] \dfrac{1}{6}q_0 x^3 + \dfrac{1}{24}n_0 x^4 \\[2mm] \dfrac{1}{2}q_0 x^2 + \dfrac{1}{6}n_0 x^3 \\[2mm] q_0 x + \dfrac{1}{2}n_0 x^2 \end{bmatrix} \qquad (3\text{-}12)$$

对于等式(3-12)中右边第二部分,可令

$$\begin{cases} \dfrac{1}{24}q_0 x^4 + \dfrac{1}{120}n_0 x^5 = \dfrac{1}{6}\displaystyle\int_0^x \bar{q}(\xi)(x-\xi)^3 \mathrm{d}\xi = T(x) \\[3mm] \dfrac{1}{6}q_0 x^3 + \dfrac{1}{24}n_0 x^4 = \dfrac{1}{2}\displaystyle\int_0^x \bar{q}(\xi)(x-\xi)^2 \mathrm{d}\xi = S(x) \\[3mm] \dfrac{1}{2}q_0 x^2 + \dfrac{1}{6}n_0 x^3 = \displaystyle\int_0^x \bar{q}(\xi)(x-\xi)\,\mathrm{d}\xi = R(x) \\[3mm] q_0 x + \dfrac{1}{2}n_0 x^2 = Q(x) \end{cases} \qquad (3\text{-}13)$$

式(3-13)中的 $T(x)$、$S(x)$、$R(x)$、$Q(x)$ 物理意义为桩的荷载函数,同时也可将它们称作荷载作用下与桩体变形及内力相关的函数,其解可通过分步积分法求得。此时式(3-12)可用该荷载函数矩阵形式表示为

$$\begin{bmatrix} y \\ y' \\ y'' \\ y''' \end{bmatrix} = \begin{bmatrix} 1 & x & x^2 & x^3 \\ 0 & 1 & 2x & 3x^2 \\ 0 & 0 & 2 & 6x \\ 0 & 0 & 0 & 6 \end{bmatrix} \begin{bmatrix} A_1 \\ A_2 \\ A_3 \\ A_4 \end{bmatrix} + \frac{1}{EI} \begin{bmatrix} T(x) \\ S(x) \\ R(x) \\ Q(x) \end{bmatrix} \qquad (3\text{-}14)$$

假设桩体结构在 $b < x < a$ 范围受梯形分布的局部荷载作用,由式(3-14)知道,则相当于桩体受到局部荷载函数的作用,此时荷载函数的求解可在 $b < x < a$ 的范围内通过式(3-13)分步积分法求得,因此当桩体受梯形局部荷载作用时,桩的荷载函数可表示为式(3-15),受均布荷载时相当于取 $q(x)$ 中的 $n_0 = 0$ 的情况。

$$\begin{cases} Q(a) = \int_0^a \overline{q}(x)\,\mathrm{d}x \\[2mm] R(a) = \int_0^a \overline{q}(x)(a-x)\,\mathrm{d}x \\[2mm] S(a) = \dfrac{1}{2}\int_0^a \overline{q}(x)(a-x)^2\,\mathrm{d}x \\[2mm] T(a) = \dfrac{1}{6}\int_0^a \overline{q}(x)(a-x)^3\,\mathrm{d}x \end{cases} \tag{3-15}$$

桩体局部受荷载形式及坐标系统规定如图 3-4 所示。

关于荷载函数之间的联系,由材料力学中梁的挠曲微分方程关系知道,转角 $\varphi$、弯矩 $M$、剪力 $Q$ 和荷载 $p$ 存在微分关系,如下:

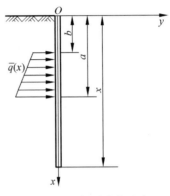

$$\begin{cases} \varphi = \dfrac{\mathrm{d}y}{\mathrm{d}x} \\[2mm] M = EI\dfrac{\mathrm{d}^2 y}{\mathrm{d}x^2} \\[2mm] Q = \dfrac{\mathrm{d}M}{\mathrm{d}x} \\[2mm] p = \dfrac{\mathrm{d}Q}{\mathrm{d}x} \end{cases} \tag{3-16}$$

图 3-4　局部受荷载示意

因此,公式(3-14)中结构的荷载函数 $T(x)$、$S(x)$、$R(x)$、$Q(x)$ 的物理意义如下:

$Q(x)$ 表示支护桩体任意深度 $x$ 位置处受到的剪力;

$R(x)$ 表示支护桩体受侧向荷载作用下任意深度 $x$ 位置处的转动力矩和大小;

$S(x)/(EI)$ 表示桩体任意深度 $x$ 位置相对于桩端头处的倾角大小;

$T(x)/(EI)$ 表示桩体任意深度 $x$ 位置相对桩头原点处位移。

由上述知道,只要已知荷载函数 $\overline{q}(x)$ 与深度 $x$ 的关系,通过以上解式并结合边界条件及变形连续条件求得的待定参数,则可计算得到桩体任意深度位置 $x$ 处的剪力 $Q$、弯矩 $M$、转角 $\varphi$ 及挠度 $y$。

### 3. 岩-土组合地层抗力函数 $p(x,y)$ 的确定

抗力函数 $p(x,y)$ 是在开挖面以下桩体受力后发生挠曲变形使岩土体产生的一个反方向的抗力分布函数,其大小与桩体刚度与变形、桩体埋深、桩体周围岩土体物理力学性质及外部荷载等因素有关。因此,在深基坑支护结构受力变形理论计算中,如何正确确定基坑开挖面以下因桩体变形作用产生的抗力大小,对桩体整体内力和变形的计算至关重要。

当桩体受力产生挠曲时,若挠度大小为 $y$,将抗力函数其他影响因素用土抗力模数 $K$ 表示,此时可将抗力函数 $p(x,y)$ 表示为

$$p(x,y) = Kb_0 y \tag{3-17}$$

式中: $b_0$ 表示桩体内力变形计算宽度,取值可根据《建筑桩基技术规范》(JGJ 94—2008)[26] 得到:当围护桩结构为方形排桩时 $b_0 = 1.5b + 0.5$,$b$ 为桩的截面边长;若为圆形排桩时 $b_0 = 0.9 \times (1.5d + 0.5)$,$d$ 为桩的直径。最终计算确定得出的桩体内力变形计算宽度应小于等于排桩中心距。

　　若假设土抗力模数 $K$ 为深度 $x$ 的指数 $n$ 的函数同一个与土质相关的比例系数 $m$ 的乘积形式[26]，则土抗力模数 $K$ 可表示为

$$K = mx^n \qquad (3\text{-}18)$$

式中：$m$ 为与土质有关的比例系数（$m>0$），可通过工程勘察报告或由《桩基工程手册》[25]查询得到；$x$ 表示桩体结构的计算深度，$x$ 的指数 $n$ 取不同的值时，可得到不同的土抗力分布形式，对于常见的线弹性地基梁反力法中，指数 $n$ 取为 0 时，称作张有龄法或常数法，其假设土抗力模数 $K$ 的大小与深度 $x$ 无关；指数 $n$ 取为 1 时，为我国建筑和公路等许多行业规范中常用的 m 法，即假设土抗力模数为深度 $x$ 的一次函数关系；指数 $n$ 取 0.5 时，为陕西交通科学院 1974 年提出的我国公路规范中的推荐方法，该土抗力模数 $K$ 分布形式在沙性软土中较为适用；为适合更为复杂与广泛的情况，也有学者将指数 $n$ 假定为任意值时的双参数法，这是由我国著名学者吴恒立提出的[29]。

　　以上各计算方法中，为简便计算，大多将土抗力模数 $K$ 看作沿桩体深度方向连续分布的形式，但在实际工程中，地下地质分布较为复杂，各土层间的物理力学性质也存在一定差异，特别是在既有土层也有岩层的地质条件下，不能再将土抗力模数 $K$ 看作连续分布的函数，应当分段考虑。

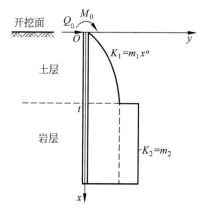

图 3-5　土抗力模数 $K$ 分段确定示意

　　本章在岩-土组合特殊地层条件的深基坑工程背景下，假设土抗力模数 $K$ 是一个与深度 $x$ 呈 $n$ 次幂分布的指数函数，对土抗力模数 $K$ 在特殊地层分界处进行分段考虑。由于岩层与土层在物理及力学性质上的较大差异，土抗力模数 $K$ 的分布形式应当在岩土分界处分段分别考虑，因此理论计算时将岩层与土层分离开来分段确定土抗力模数 $K$ 的分布规律。

　　土层中，土抗力模数 $K$ 的分布为

$$K_1 = m_1 x^n \qquad (3\text{-}19)$$

式中：$m_1$ 为土层中的土抗力模数的比例系数；由于岩层埋深较大，且自身有一定强度，设岩层中的抗力模数 $K$ 为常数，即：$K_2 = m_2$，$m_2$ 为岩层中土抗力模数的比例系数。将土抗力模数 $K_i$ 分段分别确定的方法如图 3-5 所示。

　　由图 3-5 可以看出，土抗力模数 $K$ 在岩层与土层分界面 $x=t$ 处发生突变而不连续。

　　通过以上简化，最终抗力函数 $p(x,y)$ 表示为

$$p(x,y) = \begin{cases} m_1 x^n b_0 y & (x < t) \\ m_2 b_0 y & (x \geqslant t) \end{cases} \qquad (3\text{-}20)$$

　　将反力函数 $p(x,y)$ 经过分段假设后，可以充分考虑到岩-土组合地层条件的影响，使得桩体挠曲微分方程更加接近工程实际。

## 3.1.2　考虑开挖过程影响的分段独立坐标法

　　前面介绍过的桩-撑支护结构以板桩理论为基础的等值梁法、图解法及线弹性地基反力法等内力与变形的理论计算方法中，没有很好地与实际工程相结合起来，即没有考虑基坑开

挖过程的影响,支护结构似乎在开挖前就已经存在,也没有考虑基坑支撑反力和结构变形随基坑开挖过程的变化。实际工程中,桩-撑支护结构的内力及变形是随工况的推进而不断变化的,因此在理论计算中,不能忽略基坑开挖过程对支护结构内力与变形的影响。所以,在上一节推导出的桩-撑支护结构桩体的挠曲微分方程基础上,将基坑开挖过程的影响考虑进去,对桩-撑支护结构的内力与变形进行计算分析。

下面将基坑不同开挖工况下考虑开挖过程影响的支护桩体水平位移变形情况及所受侧压力分布形式表示为图 3-6 所示。

图 3-6 表示桩-撑支护结构 4 个工况下桩体水平位移随侧向荷载发展情况。从图中不同工况下桩体变形发展形势发现,桩体在不同工况下各支撑架设前对应位置处已产生了一定的初变位,分别用 $\delta_{10}$、$\delta_{20}$、$\delta_{30}$ 表示各支撑安置前的初变位大小。因此,若将下一工况下各支撑前各位置处的桩体水平初变位大小表示为 $\delta_{i0}$,并将该初变位 $\delta_{i0}$ 引入下一工况基坑的开挖计算中去,则各支撑位置处桩体的实际弹性压缩变形即为下一工况计算出的桩支撑位置处变位减去该支撑位置处桩体的初变位,因此支撑的实际工作反力为支撑处的桩体实际弹性压缩量与支撑刚度的乘积得到,并将该支撑力引入下一工况的内力变形计算中去。以上考虑各工况下支撑位置处的初变位的方法即为考虑基坑开挖过程影响的方法。

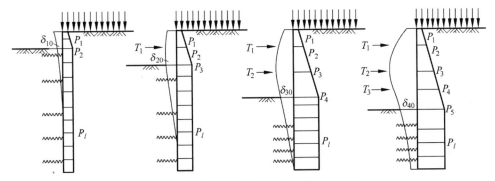

图 3-6　支护桩位移与侧压力发展过程示意

基坑开挖面以上,在桩-撑支护结构共同作用下,支护结构的受力变形较为复杂,理论计算分析时应将支护结构受力形式进行简化,可用一带有弹性支座的集中力来代替支护结构中支撑力的作用。为得到更接近工程实际的桩体挠度微分方程,将支撑等支护结构位置、土层分界面及岩土层分界及开挖面位置处为分界点,将桩体结构分段成若干桩单元,各桩单元分别建立各自独立的笛卡儿坐标系,分段建立桩体挠曲微分方程并分段求解。桩-撑组合支护结构体系中采用的分段独立坐标法的桩体内力与变形计算模型如图 3-7 所示。图中,$P_l$ 与 $P_l'$ 表示基坑开挖面以下,由于上部土体重力作用下,荷载产生在桩侧的超载侧向压力大小,其中 $P_l$ 表示土层中桩体受的超载侧压力,$P_l'$ 表示岩层中桩体受到的超载侧压力。

计算分析时基本假设如下:

(1)桩体受力产生的挠曲略去了剪力的影响,假定其主要由弯矩造成。通过结构力学梁的弯曲变形特性知道,当桩体结构的长径比远远大于 8 时,可将桩体挠度变形看成主要由弯矩造成。

(2)将桩-撑支护结构体系中支撑假设为一带有弹性支座的集中力 $R$ 的作用,支撑弹性作用于桩体,该作用力与对应位置处桩体实际弹性位移呈线性关系,即

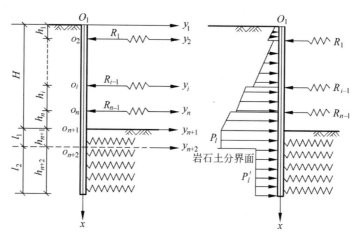

图 3-7 计算模型

$$R = R_0 + Gy \tag{3-21}$$

式中：$R_0$ 为支撑预加轴力，kN；$G$ 为支撑材料的刚度，GPa；$y$ 为考虑开挖过程影响的支撑处桩体的实际弹性变形，mm。

（3）将基坑开挖面下桩体假定为 Winkler 弹性地基梁单元模型，即弹性变形下桩体上任一点的压力强度与该点的位移成正比关系：

$$\sigma = Cy \tag{3-22}$$

式中：$y$ 为位移，mm；$C$ 为地基系数或基床系数等，kN/m$^3$。$C$ 主要是一个反映土体"弹性"的指标，影响因素与土体类别、物理力学性质等有关。

（4）桩的位移 $x$ 与桩的长度 $H$ 相比比较微小，即桩体水平位移满足 $\Delta \leqslant 0.15\%$。

**1. 开挖面以上桩体挠度的计算**

基坑开挖面以上桩体，由于桩-撑组合支护结构体系的支护作用使得支护结构的内力变形变得复杂，因此采用上述桩体分段的独立坐标法进行求解计算。若基坑支护结构有 $n$ 道支撑时，开挖面以上部分桩体可被分为 $n+1$ 段桩单元体，分段点在各支撑位置及土层分界面处，各段桩单元分别建立一个独立坐标系，如取第 $i$ 段桩单元进行受力分析如图 3-8 所示。分段独立坐标建立桩体挠度微分方程，最后逐步求出开挖面以上桩体的挠度微分方程。

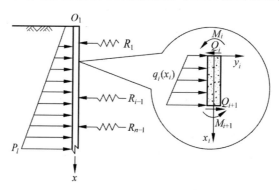

图 3-8 桩单元受力情况

则开挖面以上桩单元的挠曲微分方程可统一表示为

$$\begin{cases} EI\dfrac{\mathrm{d}^4 y_1}{\mathrm{d}x_1^4}=q_1(x_1)b_s & (0\leqslant x_1\leqslant h_1)\\[6pt] \quad\vdots\\[6pt] EI\dfrac{\mathrm{d}^4 y_i}{\mathrm{d}x_i^4}=q_i(x_i)b_s & (0\leqslant x_i\leqslant h_i)\\[6pt] \quad\vdots\\[6pt] EI\dfrac{\mathrm{d}^4 y_{n+1}}{\mathrm{d}x_{n+1}^4}=q_{n+1}(x_{n+1})b_s & (0\leqslant x_{n+1}\leqslant h_{n+1}) \end{cases} \tag{3-23}$$

式中：$EI$ 表示桩体刚度，GPa；$q_i(x_i)$ 表示深度 $x_i$ 处的主动岩土压力分布强度，kN/m；$b_s$ 为 $q_i(x_i)$ 的计算宽度（$b_s$ 取桩中心距），m；$h_i$ 为 $O_i$ 到 $O_{i+1}$ 间距离，m。

则微分方程组(3-23)的通解可表示为：

$$\begin{cases} T_n(x_n)=\dfrac{1}{6}b_s\displaystyle\int_0^{x_n}\overline{q_n}(\xi_n)(x_n-\xi_n)^3\mathrm{d}\xi_n\\[10pt] S_n(x_n)=\dfrac{1}{2}b_s\displaystyle\int_0^{x_n}\overline{q_n}(\xi_n)(x_n-\xi_n)^2\mathrm{d}\xi_n\\[10pt] R_n(x_n)=b_s\displaystyle\int_0^{x_n}\overline{q_n}(\xi_n)(x_n-\xi_n)\mathrm{d}\xi_n\\[10pt] Q_n(x_n)=b_s\displaystyle\int_0^{x_n}\overline{q_n}(\xi_n)\mathrm{d}\xi_n \end{cases} \tag{3-24}$$

$$\begin{cases} \begin{bmatrix} y_1\\ y_1'\\ y_1''\\ y_1''' \end{bmatrix}= \begin{bmatrix} 1 & x_1 & x_1^2 & x_1^3\\ 0 & 1 & 2x_1 & 3x_1^2\\ 0 & 0 & 2 & 6x_1\\ 0 & 0 & 0 & 6 \end{bmatrix} \begin{bmatrix} A_{11}\\ A_{12}\\ A_{13}\\ A_{14} \end{bmatrix}+ \dfrac{1}{EI} \begin{bmatrix} T_1(x_1)\\ S_1(x_1)\\ R_1(x_1)\\ Q_1(x_1) \end{bmatrix}\\[30pt] \qquad\qquad\qquad\vdots\\[10pt] \begin{bmatrix} y_n\\ y_n'\\ y_n''\\ y_n''' \end{bmatrix}= \begin{bmatrix} 1 & x_n & x_n^2 & x_n^3\\ 0 & 1 & 2x_n & 3x_n^2\\ 0 & 0 & 2 & 6x_n\\ 0 & 0 & 0 & 6 \end{bmatrix} \begin{bmatrix} A_{n1}\\ A_{n2}\\ A_{n3}\\ A_{n4} \end{bmatrix}+ \dfrac{1}{EI} \begin{bmatrix} T_n(x_n)\\ S_n(x_n)\\ R_n(x_n)\\ Q_n(x_n) \end{bmatrix} \end{cases} \tag{3-25}$$

在考虑开挖过程影响的方法中，第一阶段钢支撑尚未安置时，若解方程得支撑处位移为 $[x_1]_{x_1=h_1}$，它就是第 1 道支撑处的初变位 $\delta_{10}$，即

$$\delta_{10}=[x_1]_{x_1=h_1} \tag{3-26}$$

下一个工况，由方程可以求出第 1 道支撑位置处的变位为 $\delta_{10}'$，同样可以求得第 2 道支撑预定位置处的初变位 $[x_2]_{x_2=h_2}$，它就是第 2 道支撑处的初变位 $\delta_{20}$，即可得

$$\delta_{20}=[x_2]_{x_2=h_2} \tag{3-27}$$

由以上求出的各支撑处的弹性变位，即得出第 $n$ 道支撑的反力大小为

$$R_n=R_{n0}+G_n(\delta_{n0}'-\delta_{n0}) \tag{3-28}$$

式中：$\delta_{n0}'$ 为第 $n$ 道支撑处的变位；$\delta_{n0}$ 为第 $n$ 道支撑处的初变位；$R_{n0}$ 为第 $n$ 道支撑的预

加轴力；$G_n$ 为对应第 $n$ 道支撑材料的刚度。

### 2. 开挖面以下桩体挠度的计算

开挖面以下桩体可以看成一个竖向放置的受分布荷载作用的弹性地基梁，因开挖面以上桩体受力变形后使开挖面以下桩体结构在原点位置受一个弯矩 $M_0$ 与一个剪力 $Q_0$ 初始条件作用，从而使得开挖面以下桩体产生内力和变形，基坑开挖面以下段桩体挠度计算模型如图 3-9 所示。

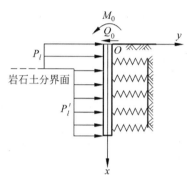

图 3-9　开挖面以下计算模型

由于岩-土组合地层条件下的反力函数 $p(x,y)$ 的分布规律不相同，根据上节阐述的抗力函数 $p(x,y)$ 分段考虑法，当开挖面以下存在岩层与土层时，可将桩分为 2 段，不同段的抗力模数分布如图 3-5 所示，基坑开挖面以下土层部分的抗力函数 $p(x,y)$ 为深度的 $n$ 次方幂函数分布，则土中桩体的挠度方程为

$$EI \frac{\mathrm{d}^4 y_1}{\mathrm{d}x_1^4} = P_l b_s - m_1 x_1^n b_0 y_1 \tag{3-29}$$

岩层中，抗力函数 $p(x,y)$ 与深度无关，则桩体挠度微分方程为

$$EI \frac{\mathrm{d}^4 y_2}{\mathrm{d}x_2^4} = P'_l b_s - m_2 b_0 y_2 \tag{3-30}$$

式中：$m_1$ 和 $m_2$ 可根据相应的工程勘察报告与相关规范进行取值。

## 3.1.3　桩体挠度微分方程的求解

本章节中桩体挠度的计算在弹性地基梁法的基础上，考虑了岩-土组合地层的工程条件、基坑开挖过程影响及支撑结构等条件因素，分层分段推出了桩体的挠度微分方程，下面在考虑桩体的边界条件、变形连续条件及力的平衡条件下对微分方程进行理论求解。

### 1. 边界条件的确定

想要得到方程(3-23)、方程(3-29)及方程(3-30)的数值解，其中积分得到的任意常数需通过桩体结构的四个边界条件和分段处的变形连续条件共同解出。桩端几种支撑条件下的边界条件确定如下：

(1) 固定端的边界条件为

$$\begin{cases} 横向位移\ y = 0 \\ 转角\ \theta = 0, \quad 故\ \dfrac{\mathrm{d}y}{\mathrm{d}x} = 0 \end{cases} \tag{3-31}$$

如固定端有已知的转角与位移，则位移 $y$ 为已知值，转角 $\mathrm{d}y/\mathrm{d}x$ 为已知值。

(2) 简支端的边界条件为

$$\begin{cases} 横向位移\ y = 0 \\ 弯矩\ M = 0, \quad 故\ \dfrac{\mathrm{d}^2 y}{\mathrm{d}x^2} = 0 \end{cases} \tag{3-32}$$

如桩端有已知的位移与弯矩，则位移 $y$ 为已知值，弯矩 $\dfrac{\mathrm{d}^2 y}{\mathrm{d}x^2}$ 为已知值。

（3）自由端的边界条件为

$$\begin{cases} \text{弯矩 } M = 0, & \text{故 } \dfrac{d^2 y}{dx^2} = 0 \\ \text{剪力 } Q = 0, & \text{故 } \dfrac{d^3 y}{dx^3} = 0 \end{cases} \quad (3\text{-}33)$$

如桩端有已知的弯矩与剪力，则弯矩 $\dfrac{d^2 y}{dx^2}$ 为已知值，剪力 $\dfrac{d^3 y}{dx^3}$ 为已知值。此种情况适用于桩顶无受力作用或桩底有软弱层时。

本章节中对于深基坑支护桩计算时边界条件的假设，对于桩顶，可在其顶部虚设一个微单元，其微单元无支撑与荷载压力的作用，可将其假设为自由端，根据式（3-33）来确定边界条件；对于桩底，因桩底嵌固在深层岩石中，边界条件可假设为固定端，具体见式（3-31）。

**2. 挠度方程的求解**

考虑开挖过程影响的分层分段分坐标方法中，桩体被分为多段，解桩挠度方程时考虑桩体结构的整体性，桩体段之间可以应用桩体变形连续条件及力的平衡条件解出。

设深基坑桩-撑支护结构体系共有 $n$ 道支撑，开挖面以上桩体被分为 $n+1$ 段桩单元，开挖面以下桩体分为 2 段桩单元，即桩体总共被分为 $n+3$ 段桩单元，则桩体整个挠度微分方程组可表示为：

$$\begin{cases} EI \dfrac{d^4 y_1}{dx_1^4} = q_1(x_1)b_s & (0 \leqslant x_1 \leqslant h_1) \\ \quad\vdots \\ EI \dfrac{d^4 y_i}{dx_i^4} = q_i(x_i)b_s & (0 \leqslant x_i \leqslant h_i) \\ \quad\vdots \\ EI \dfrac{d^4 y_{n+1}}{dx_{n+1}^4} = q_{n+1}(x_{n+1})b_s & (0 \leqslant x_{n+1} \leqslant h_{n+1}) \\ EI \dfrac{d^4 y_{n+2}}{dx_{n+2}^4} = P_l b_s - m_1 x_{n+2}^n b_0 y_{n+2} & (0 \leqslant x_{n+2} \leqslant h_{n+2}) \\ EI \dfrac{d^4 y_{n+3}}{dx_{n+3}^4} = P_l' b_s - m_2 b_0 y_{n+3} & (0 \leqslant x_{n+3} \leqslant h_{n+3}) \end{cases} \quad (3\text{-}34)$$

当 $0 \leqslant x_{n+2} \leqslant h_{n+2}$ 时，即基坑开挖面至岩土分界面区间，土抗力函数分布规律为式（3-20）中当 $x < t$ 时，桩体挠度微分方程为式（3-29），其形式为四阶变系数非齐次微分方程，根据式（3-16）给出的微分方程与桩体各物理量之间的关系，可将开挖面以下桩体的变形与内力微分方程的解用端点处初始值形式来表示。

设独立的笛卡儿坐标系中 $x = 0$ 位置桩体的剪力、弯矩、转角、位移值分别为 $Q_0$、$M_0$、$\varphi_0$、$y_0$，设挠度微分方程（3-29）解的幂级数形式为

$$y_1 = \sum_{i=0}^{\infty} a_i y_1^i = a_0 + a_1 y_1 + a_2 y_1^2 + \cdots + a_i y_1^i + \cdots \quad (3\text{-}35)$$

式中，$a_i$ 为待定参数，将幂级数（3-35）代入方程（3-29）通过分部积分法可解得

$$y_1 = \sum_{j=1}^{5} \psi_j(x_1)\omega_j(0) \quad (3\text{-}36)$$

式中：$\alpha=[m_1 b_0 /(EI)]^{1/(1+n)}$ 表示桩体变形系数，$m_1$ 为土抗力模数；$\omega_1(x_1)=\alpha y_1(x_1)$、$\omega_2(x_1)=\varphi(x_1)$、$\omega_3(x_1)=M(x_1)/(\alpha EI)$、$\omega_4(x_1)=Q(x_1)/(\alpha^2 EI)$ 分别为对应的初参数方程；$\omega_5(0)=P_l b_s/(\alpha^3 EI)$；$\psi_j(x)$ 表示初参数方程的影响函数，吴恒立编写的《计算推力桩的综合刚度原理和双参数法》[83] 及龙驭球编写的《弹性地基梁的计算》[84] 中已经给出方程齐次形式的通解。

本文在此基础上通过幂级数法可解得非齐次微分方程式（3-29）带初参数 $Q_0$、$M_0$、$\varphi_0$、$y_0$ 级数解的表达式为

$$
\begin{cases}
y_1 = y_0 A(\alpha x_1) + \dfrac{\varphi_0}{\alpha} B(\alpha x_1) + \dfrac{M_0}{\alpha^2 EI} C(\alpha x_1) + \\
\quad \dfrac{Q_0}{\alpha^3 EI} D(\alpha x_1) + \dfrac{P_l b_0}{\alpha^4 EI} E(\alpha x_1) \\[2mm]
y'_1 = y_0 \alpha A'(\alpha x_1) + \varphi_0 B'(\alpha x_1) + \dfrac{M_0}{\alpha EI} C'(\alpha x_1) + \\
\quad \dfrac{Q_0}{\alpha^2 EI} D'(\alpha x_1) + \dfrac{P_l b_0}{\alpha^3 EI} E'(\alpha x_1) \\[2mm]
y''_1 = y_0 \alpha^2 A''(\alpha x_1) + \varphi_0 \alpha B''(\alpha x_1) + \dfrac{M_0}{EI} C''(\alpha x_1) + \\
\quad \dfrac{Q_0}{\alpha EI} D''(\alpha x_1) + \dfrac{P_l b_0}{\alpha^2 EI} E''(\alpha x_1) \\[2mm]
y'''_1 = y_0 \alpha^3 A'''(\alpha x_1) + \varphi_0 \alpha^2 B'''(\alpha x_1) + \dfrac{M_0}{EI} \alpha C'''(\alpha x_1) + \\
\quad \dfrac{Q_0}{EI} D'''(\alpha x_1) + \dfrac{P_l b_0}{\alpha EI} E'''(\alpha x_1)
\end{cases}
\tag{3-37}
$$

式中，$y_0$、$\varphi_0$、$M_0$ 与 $Q_0$ 为开挖面处的初参数，$A(\alpha x_1)$、$B(\alpha x_1)$、$C(\alpha x_1)$、$D(\alpha x_1)$、$E(\alpha x_1)$ 为与桩体变形系数 $\alpha$ 及深度 $x_1$ 相关的无量纲系数，其表达式为

$$
\begin{cases}
A(\alpha x_1) = 1 + \displaystyle\sum_{s=1}^{\infty} \frac{(-1)^i n^{4i}}{\prod\limits_{i=1}^{s}\prod\limits_{j=1}^{4}((4n+1)i-(j-4)n)} (\alpha x_1)^{\frac{(4n+1)i}{n}} \\[4mm]
B(\alpha x_1) = \alpha x_1 + \displaystyle\sum_{s=1}^{\infty} \frac{(-1)^i n^{4i}}{\prod\limits_{i=1}^{s}\prod\limits_{j=1}^{4}((4n+1)i-(j-3)n)} (\alpha x_1)^{\frac{(4n+1)i}{n}+1} \\[4mm]
C(\alpha x_1) = \frac{1}{2}(\alpha x_1)^2 + \frac{1}{2}\displaystyle\sum_{s=1}^{\infty} \frac{(-1)^i n^{4i}}{\prod\limits_{i=1}^{s}\prod\limits_{j=1}^{4}((4n+1)i-(j-2)n)} (\alpha x_1)^{\frac{(4n+1)i}{n}+2} \\[4mm]
D(\alpha x_1) = \frac{1}{6}(\alpha x_1)^3 + \frac{1}{6}\displaystyle\sum_{s=1}^{\infty} \frac{(-1)^i n^{4i}}{\prod\limits_{i=1}^{s}\prod\limits_{j=1}^{4}((4n+1)i-(j-1)n)} (\alpha x_1)^{\frac{(4n+1)i}{n}+3} \\[4mm]
E(\alpha x_1) = \frac{1}{24}(\alpha x_1)^4 + \frac{1}{24}\displaystyle\sum_{s=1}^{\infty} \frac{(-1)^i n^{4i}}{\prod\limits_{i=1}^{s}\prod\limits_{j=1}^{4}((4n+1)i-jn)} (\alpha x_1)^{\frac{(4n+1)i}{n}+4}
\end{cases}
$$

$$\tag{3-38}$$

当 $0 \leqslant x_{n+3} \leqslant h_{n+3}$ 时,即岩土分界面至桩底区间,土抗力函数分布规律为式(3-20)中当 $x \geqslant t$ 时,桩体挠度微分方程为式(3-30),依据数学方法得到其通解为对应的齐次方程通解加上非齐次方程一个特解得到。则可求得岩土分界面至桩底的桩体微分方程通解为

$$y_2 = e^{\beta x_2}(A\cos\beta x_2 + B\sin\beta x_2) + e^{-\beta x_2}(C\cos\beta x_2 + D\sin\beta x_2) + g(x_2) \quad (3-39)$$

方程中的特征系数 $\beta = \sqrt[4]{\dfrac{m_2}{4EI}}$,$A$、$B$、$C$、$D$ 为待定参数,可由边界条件、变形连续条件及力的平衡条件求得,$g(x)$ 为对应非齐次方程特解,可以通过方程常数项求得,得到 $g(x_2) = \dfrac{P'_l b_s}{m_2 b_0}$。

同理,设各分段独立坐标系中 $x_2 = 0$ 位置桩体的剪力、弯矩、转角、位移值分别为 $Q'_0$、$M'_0$、$\varphi'_0$、$y'_0$,则可得到方程的初参数解表达式为

$$\begin{cases} y_2 = y'_0 A_2(\beta x_2) + \dfrac{\varphi'_0}{\beta} B_2(\beta x_2) + \dfrac{M'_0}{\beta^2 EI} C_2(\beta x_2) + \dfrac{Q'_0}{\beta^3 EI} D_2(\beta x_2) + \dfrac{P'_l b_s}{m_2 b_0} \\[3mm] y'_2 = -y'_0 \beta D_2(\beta x_2) + \varphi'_0 A_2(\beta x_2) + \dfrac{M'_0}{\beta EI} B_2(\beta x_2) + \dfrac{Q'_0}{\beta^2 EI} C_2(\beta x_2) \\[3mm] y''_2 = -y'_0 \beta^2 C_2(\beta x_2) - \varphi'_0 \beta D_2(\beta x_2) + \dfrac{M'_0}{EI} A_2(\beta x_2) + \dfrac{Q'_0}{\beta EI} B_2(\beta x_2) \\[3mm] y'''_2 = -y'_0 \beta^3 B_2(\beta x_2) - \varphi'_0 \beta^2 C_2(\beta x_2) - \dfrac{M'_0}{EI} \beta D_2(\beta x_2) + \dfrac{Q'_0}{EI} A_2(\beta x_2) \end{cases} \quad (3-40)$$

式中,$Q'_0$、$M'_0$、$\varphi'_0$、$y'_0$ 为岩土层分界面处的初参数,$A_2(\beta x_2)$、$B_2(\beta x_2)$、$C_2(\beta x_2)$、$D_2(\beta x_2)$ 为与桩体变形系数 $\beta$ 及深度 $x_2$ 相关的无量纲系数,其表达式为

$$\begin{cases} A_2(\beta x_2) = \mathrm{ch}\left(\dfrac{\beta x_2}{\sqrt{2}}\right)\cos\left(\dfrac{\beta x_2}{\sqrt{2}}\right) \\[3mm] B_2(\beta x_2) = \dfrac{1}{\sqrt{2}}\left[\mathrm{ch}\left(\dfrac{\beta x_2}{\sqrt{2}}\right)\sin\left(\dfrac{\beta x_2}{\sqrt{2}}\right) + \mathrm{sh}\left(\dfrac{\beta x_2}{\sqrt{2}}\right)\cos\left(\dfrac{\beta x_2}{\sqrt{2}}\right)\right] \\[3mm] C_2(\beta x_2) = \mathrm{sh}\left(\dfrac{\beta x_2}{\sqrt{2}}\right)\sin\left(\dfrac{\beta x_2}{\sqrt{2}}\right) \\[3mm] D_2(\beta x_2) = \dfrac{1}{\sqrt{2}}\left[\mathrm{ch}\left(\dfrac{\beta x_2}{\sqrt{2}}\right)\sin\left(\dfrac{\beta x_2}{\sqrt{2}}\right) - \mathrm{sh}\left(\dfrac{\beta x_2}{\sqrt{2}}\right)\cos\left(\dfrac{\beta x_2}{\sqrt{2}}\right)\right] \end{cases} \quad (3-41)$$

以上已给出了桩体各分段挠曲微分方程形式的解析解,每段桩体单元的微分方程均有 4 个未知参数,想要求得各分段微分方程的未知参数,需将整个桩体联合起来组成一微分方程组,最后根据桩端边界条件、桩体分段处的变形连续及静力平衡条件共同解出各分段的微分方程。微分方程的联合求解步骤如下:

若有 $n$ 道支撑情况时,桩体被分为 $n+3$ 段弹性桩单元,每段桩单元的内力变形微分方程求解均有 4 个待定参数,若用 $A_{11}$、$A_{12}$、$A_{13}$、$A_{14}$ 表示第一段微分方程的 4 个待定参数;$A_{21}$、$A_{22}$、$A_{23}$、$A_{24}$ 则表示第二段微分方程待定参数;则有第 $n$ 段微分方程待定参数为 $A_{n1}$、$A_{n2}$、$A_{n3}$、$A_{n4}$。总共得 $4(n+3)$ 个待定参数,其中确定待定参数的桩端边界条件、分段处桩体变形连续条件及力的平衡条件如下:

(1) $O_1$ 点处桩顶边界条件为

$$y''_1(0) = 0, \quad y'''_1(0) = 0$$

（2）各支撑点分段处变形连续条件与力的平衡条件为

$O_2$ 点：$\quad y_1(h_1)=y_2(0), \quad y_1'(h_1)=y_2'(0)$

$$y_1''(h_1)=y_2''(0), \quad EIy_1'''(h_1)=EIy_2'''(0)-R_1$$

$$\vdots$$

$O_i$ 点：$\quad y_{i-1}(h_{i-1})=y_i(0), \quad y_{i-1}'(h_{i-1})=y_i'(0)$

$$y_{i-1}''(h_{i-1})=y_i''(0), \quad EIy_{i-1}'''(h_{i-1})=EIy_i'''(0)-R_{i-1}$$

$$\vdots$$

$O_{n+1}$ 点：$\quad y_n(h_n)=y_{n+1}(0), \quad y_n'(h_n)=y_{n+1}'(0)$

$$y_n''(h_n)=y_{n+1}''(0), \quad EIy_n'''(h_n)=EIy_{n+1}'''(0)-R_n$$

（3）开挖面以下分段点的变形连续条件为

$O_{n+2}$ 点：$\quad y_{n+1}(h_{n+1})=y_{n+2}(0), \quad y_{n+1}'(h_{n+1})=y_{n+2}'(0)$

$$y_{n+1}''(h_{n+1})=y_{n+2}''(0), \quad y_{n+2}'''(h_{n+2})=y_{n+2}'''(0)$$

$O$ 点：$\quad y_{n+1}(h_{n+1})=y_0, \quad y_{n+1}'(h_{n+1})=\theta_0$

$$y_{n+1}''(h_{n+1})=\frac{M_0}{EI}, \quad y_{n+1}'''(h_{n+1})=\frac{Q_0}{EI}$$

（4）桩底边界条件为

$$y_{n+3}(h_{n+3})=0, \quad y_{n+3}'(h_{n+3})=0$$

式中：如果 $O_n$ 处为支撑架设位置时，则 $R_n$ 为桩体分段节点 $O_n$ 处的荷载突变值，支撑力 $R_n=R_{n0}+G_n y$，其中 $R_{n0}$ 为第 $n$ 道支撑的预加应力；$G_n$ 为第 $n$ 道支撑材料刚度，如未设钢支撑时则 $R_n$ 为 0；$y$ 表示支撑位置处考虑基坑开挖过程影响而计算得到的实际弹性变形值。

若将上述边界及变形连续条件各待定参数表示为

$A_{n1}$、$A_{n2}$、$A_{n3}$、$A_{n4}$ 表示第 $n$ 段方程 4 个待定参数，共有 $4(n+3)$ 个待定参数；

$b_{n1}$、$b_{n2}$、$b_{n3}$、$b_{n4}$ 表示方程 $f(x_n)=y_n$ 对应待定参数方程的系数；

$c_{n1}$、$c_{n2}$、$c_{n3}$、$c_{n4}$ 表示方程 $f(x_n)=y_n'$ 对应待定参数方程的系数；

$d_{n1}$、$d_{n2}$、$d_{n3}$、$d_{n4}$ 表示方程 $f(x_n)=y_n''$ 对应待定参数方程的系数；

$e_{n1}$、$e_{n2}$、$e_{n3}$、$e_{n4}$ 表示方程 $f(x_n)=y_n'''$ 对应待定参数方程的系数；

$b_{n0}$、$c_{n0}$、$d_{n0}$、$e_{n0}$ 分别表示对应待定参数方程的常数项。

则可得到矩阵表示的待定参数方程为

$$\begin{bmatrix} b_{11} & \cdots & b_{14} & & & & & & & & \\ c_{11} & \cdots & c_{14} & & & & & & & & \\ b_{11} & \cdots & b_{14} & -b_{21} & \cdots & -b_{24} & & & & & \\ c_{11} & \cdots & c_{14} & -c_{21} & \cdots & -c_{24} & & & & & \\ d_{11} & \cdots & d_{14} & -d_{21} & \cdots & -d_{24} & & & & & \\ e_{11} & \cdots & e_{14} & -e_{21} & \cdots & -e_{24} & & & & & \\ \vdots & & \vdots & \vdots & & \vdots & & \vdots & & \vdots & \vdots \\ & & & & & & b_{(n-1)1} & \cdots & b_{(n-1)4} & -b_{n1} & \cdots & -b_{n4} \\ & & & & & & c_{(n-1)1} & \cdots & c_{(n-1)4} & -c_{n1} & \cdots & -c_{n4} \\ & & & & & & d_{(n-1)1} & \cdots & d_{(n-1)4} & -d_{n1} & \cdots & -d_{n4} \\ & & & & & & e_{(n-1)1} & \cdots & e_{(n-1)4} & -e_{n1} & \cdots & -e_{n4} \\ & & & & & & & & & d_{n1} & \cdots & d_{n4} \\ & & & & & & & & & e_{n1} & \cdots & e_{n4} \end{bmatrix} \begin{bmatrix} A_{11} \\ A_{12} \\ A_{13} \\ A_{14} \\ A_{21} \\ A_{23} \\ A_{24} \\ \vdots \\ A_{n1} \\ A_{n2} \\ A_{n3} \\ A_{n4} \end{bmatrix}$$

$$
=\begin{bmatrix}
b_{10} \\
c_{10} \\
b_{20} - b_{10} \\
c_{20} - c_{10} \\
d_{20} - d_{10} \\
e_{20} - e_{10} \\
\vdots \\
b_{n0} - b_{(n-1)0} \\
c_{n0} - c_{(n-1)0} \\
d_{n0} - d_{(n-1)0} \\
e_{n0} - e_{(n-1)0} \\
d_{n0} \\
e_{n0}
\end{bmatrix}
$$

从该矩阵方程可直观地看出桩体边界条件及分段处变形连续条件情况,其中前两行与最后两行表示桩顶及桩底处边界条件,中间每 4 行表示一分段点处变形连续条件及静力平衡条件。桩体在顶端与底端的边界条件能够得到 4 个参数方程,$n$ 道支撑情况下桩体被 $n+2$ 个节点分割为 $n+3$ 段,以节点处变形连续条件与力的平衡条件,可以得到 $4(n+2)$ 个参数方程组成的方程组,则总共可得到 $4+4(n+2)=4(n+3)$ 个参数方程,最后通过 Mathematica 软件进行参数方程矩阵的求解,可以解出 $A_{n1}$、$A_{n2}$、$A_{n3}$、$A_{n4}$ 表示的 $4(n+3)$ 个待定参数,将求得待定参数代入方程(3-25)、方程(3-37)及方程(3-40)即可得到桩体整个挠度微分方程的解。

# 3.2　岩-土组合地层支护结构受力变形理论实例分析

## 3.2.1　深基坑基本工程概况

### 1. 工程概况

贵阳地铁兴筑西路地铁站开挖的深基坑工程为由北京住总集团有限责任公司承建的贵阳地铁 2 号线 6 标标段,地铁站位于南北走向的诚信南路与东西走向的兴筑西路交叉口,其中南北走向的地铁线为 2 号线,贵阳市综合保税区至西南商贸城地下联络的东西走向的地铁线为 S2 号线,贵阳兴筑西路地铁站所属 2 号线的位置及线路规划如图 3-10 所示。

兴筑西路地铁站深基坑工程主体结构为双层双柱三跨箱形结构,车站南北方向两端隧道采用矿山施工法,标准段采用明挖法施工,局部在桩顶冠梁处采用放坡形式开挖或加土钉墙支护方式,基坑支护结构形式主要为桩-撑支护体系。

### 2. 工程地质概况

(1)地形地貌:兴筑西路北侧和南侧地形相对较高,形成两边较高中间低洼的地形,其低洼处为路基回填,地面标高为 1276.5～1278.2m,地形平坦,人行路面外局部有绿化草坪

图 3-10　贵阳地铁 2 号线线路规划示意

或树木；兴筑西路北侧为金阳商业步行街，地面标高 1278.1～1279.2m，平均坡度 2°～5°，往北高程变大；南侧地形相对较高，平均坡度 3°～8°；西南侧为华润国际社区施工场地；东南侧为贵州电信枢纽楼施工场地。深基坑工程场地部分地表地形及地貌现状如图 3-11 所示。

图 3-11　场地部分地形地貌

（2）地层岩性与地质构造：工程场区范围内地层总体由第四系覆盖层、三叠系大冶组地层及中风化基岩组成。第四系覆盖层包含人工填土层及残坡积层，场区厚度分布范围为 0.6～9.4m，平均厚度 5.2m；残坡积层主要由红黏土组成，按照其状态可分为硬塑红黏土、软塑红黏土及可塑红黏土，场区层厚分布范围为 0.0～12.6m，厚度平均为 7.1m；基岩分布于整个场区，该地层厚 133～188m。

工程场区内地质构造主要为连续及无断裂构造发育形态，岩层产状分布为 N10°～20°E/5°～10°SE。场区主要发育以下 2 组裂隙：

① N20°W/45°～55°NE，地质测绘点位于东南侧施工场地开挖边坡岩体，桩号为

ZDK18＋704m、YDK18＋766m，为剪性裂隙，宽0.1～0.3cm，充填黏土，深部趋于闭合，间距1～2m。

② N50°～60°E/75°～80°NW，地质测绘点位于东南侧施工场地开挖山体及基坑边坡岩体，桩号为ZDK18＋700m正东20m、ZDK18＋645m正东62m，宽0.1～0.2cm，充填黏土，深部趋于闭合，间距0.1～0.5m。

（3）不良地质：喀斯特地区的地下岩溶发育、工程性质较差的地表填土层及特殊物理力学性质的红黏土地层。

### 3. 岩土分层及特征

根据现场地质测绘及钻探结果，结合岩土分层代码表，将场地内第四系覆盖层划分为填土层、硬塑红黏土、可塑红黏土及软塑红黏土共4个土质单元，场地岩体划分为1个岩质单元，即中风化灰岩单元。各单元详情如下：

〈1-1〉单元：主要成分为素填土，中间夹杂红黏土及石灰岩碎石块等成分，杂质所占百分比约59％，单元层厚范围为0.6～10.8m。

〈4-1-4〉单元：该单元层主要由硬塑红黏土组成，具有遇水软化的特点，与填土层相邻，单元厚度范围为2.2～4.5m，力学性能相对较稳定。

〈4-1-3〉单元：主要成分为可塑红黏土，工程特性类似硬塑红黏土，该单元层厚度范围为2.6～8.8m。

〈4-1-2〉单元：主要成分为软塑红黏土，工程力学性质相对可塑红黏土较差。

〈15-1-c〉单元：该单元主要由中风化灰岩组成。

## 3.2.2　岩-土组合地层侧压力计算

### 1. 荷载种类

根据贵阳地铁2号线6标兴筑西路地铁车站深基坑工程《兴筑西路站岩土工程勘察报告》（简称《勘察报告》）可知，基坑施工区域上覆土层主要由硬塑红黏土、可塑红黏土及软塑红黏土组成。贵州地区红黏土性质不同于其他类型红土，具有上硬下软、高液塑限、高饱和度、高灵敏度特点，物理力学指标变异较大，在不受扰动的情况下工程力学性能较好。因此当基坑开挖土体卸荷时，在重力作用下红黏土受剪产生变形，土体的变形转化成作用在基坑支护结构上的压力，即土体变形引发的侧荷载。

基坑支护结构与土压力发展关系类似挡土墙与墙后土压力关系，如图3-12所示为挡土墙与土压力的关系图。由图看出，在土体极限变形范围内，当支护结构向基坑内侧变形移动时，作用在支护结构上的压力为主动土压力$E_A$，其大小随支护结构变形递减；当支护结构向基坑外侧变形移动时，此时作用在支护结构上的压力为被动土压力$E_P$，其大小随支护结构变形递增。

基坑施工区域的下部岩层主要组成为中风化石灰岩，自身具有一定的承载能力，但由于软弱夹层、破裂面等不良地质的存在，在深基坑开挖及爆破施工等影响下，岩层中不良地质结构面会发生变形甚至破坏，从而将会产生在基坑支护结构上的侧荷载作用。

根据以上分析，在基坑开挖过程中，作用于桩-撑支护结构上的荷载主要为基坑开挖引起的土体变形产生的土体侧荷载及岩层软弱结构面变形产生的岩石侧压力。除了岩石土变

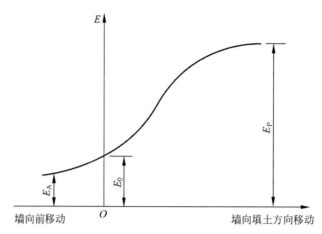

图 3-12　土压力与挡土墙位移关系

形产生的荷载外,周围环境中交通车辆的动荷载、高层建筑物荷载以及施工过程中建筑材料的堆载与施工机械荷载等也会对基坑支护结构稳定性有影响,也应当考虑在内,计算过程中可取地面超载 $q$ 为 20kPa。

**2. 计算参数的选取**

根据《勘察报告》可知,基坑施工场地地层分布情况为:第四系地层为杂植土、不同塑性状态组成的残坡层及灰岩为主要成分的三叠系下统大冶组第一段基岩层。本次岩土压力计算时选取的土层物理力学指标如表 3-1 所示。

表 3-1　土的物理力学性质指标

| 土层名称 | 重度 $\gamma/(kN \cdot m^{-3})$ | 压缩模量 $E_s/MPa$ | 黏聚力 $c/kPa$ | 内摩擦角 $\varphi/(°)$ | 承载力特征值 $f_{ak}/kPa$ |
|---|---|---|---|---|---|
| 填土 | 19.0 | 3.6 | 13.5 | 20 | 110 |
| 硬塑状黏土 | 17.2 | 7.0 | 34 | 8 | 170 |
| 可塑状黏土 | 17.0 | 5.0 | 27 | 6 | 140 |
| 软塑状黏土 | 16.9 | 3.65 | 20 | 4 | 80 |

注:$\gamma$ 为重度;$E_s$ 为压缩模量;$c$ 为黏聚力;$\varphi$ 为内摩擦角;$f_{ak}$ 为承载力特征值。

选取的岩层物理力学指标如表 3-2 所示。

表 3-2　岩石的物理力学性质指标

| 岩层名称 | 重度 $\gamma/(kN \cdot m^{-3})$ | 弹性模量 $E/GPa$ | 基床系数 $k/(MPa \cdot m^{-4})$ | 等效内摩擦角 $\varphi/(°)$ | 承载力特征值 $f_{ak}/MPa$ |
|---|---|---|---|---|---|
| 中风化灰岩 | 26.7 | 8.0 | 500 | 55 | 3.5 |

注:$\gamma$ 为重度;$E$ 为弹性模量;$k$ 为基床系数;$\varphi$ 为内摩擦角;$f_{ak}$ 为承载力特征值。

计算岩石侧压力时依据的资料与主要规范为《勘察报告》及《建筑边坡工程技术规范》[85]（GB 50330—2013）（简称《边坡规范》），计算方法及参数取值依据如下：

（1）当基坑边坡的外侧地表有建筑荷载影响时，可取 $45°+\varphi/2$（$\varphi$ 表示岩层内摩擦角）为岩层破裂角；若基坑边坡外侧无建筑物时，对 Ⅰ 类岩体可取为 82°；其他情况，Ⅱ 类岩体可取 72°；Ⅲ 类岩体取 62°；Ⅳ 类岩体取 $45°+\varphi/2$。

（2）当岩体存在外倾硬性结构面时，需要分别根据《边坡规范》中第 6 章中方法与等效内摩擦角方法计算支护结构所受岩层侧压力，取两种结果的较大值。

（3）若基坑边坡破坏时沿岩体的外倾软弱结构面，作用在支护结构上的岩层侧压力应根据《边坡规范》中第 6 章所述方法进行计算。

对于贵阳兴筑西路地铁站的深基坑工程，其岩层详情在上一节中的工程概况已做说明，根据《勘察报告》详情知道，基坑工程施工区域岩层中存在着外倾软弱结构面，依据上述规范的计算方法，当基坑边坡破坏时沿岩体外倾结构面滑动的情况，作用于支护结构上的主动岩石侧压力计算公式为：

$$E_{ak} = \frac{1}{2}\gamma H^2 k_a \tag{3-42}$$

$$k_a = \frac{\sin(\alpha+\beta)}{\sin^2\alpha\sin(\alpha-\delta+\theta-\varphi^j)\sin(\theta-\beta)}\left[k_q\sin(\alpha+\theta)\sin(\theta-\varphi^j)-\eta\sin\alpha\cos\varphi^j\right]$$

$$\tag{3-43}$$

式中：$\eta=2c_s/\gamma H$，$k_q=\dfrac{2q\sin\alpha\cos\beta}{\gamma H\sin(\alpha+\beta)}$；$E_{ak}$ 为主动岩石压力标准值，kN/m；$k_a$ 为主动岩石压力系数；$H$ 为挡土结构的高度，m；$\gamma$ 为岩体的重度，kN/m³；$q$ 为地表均布外荷载标准值，kPa；$\delta$ 为岩体对支护结构外侧的摩擦角，(°)；$\beta$ 为填土表面与水平面的夹角，(°)；$\alpha$ 为支挡结构外侧面与水平面夹角，(°)；$\theta$ 为岩体外倾结构面的倾角，(°)；$c_s$ 为岩体外倾结构面的黏聚力，kPa；$\varphi^j$ 为岩体外倾结构面的内摩擦角，(°)。

式(3-43)中的相关参数依据规范取值，选取参数时遵循充分考虑岩质边坡的安全稳定性且结合施工现场的地质勘察结果的原则。

**3. 侧压力计算结果**

基坑稳定性是基坑工程设计最基本的要求，在基坑稳定性分析中，首先需要计算的就是作用在基坑支护结构上的岩土压力分布情况。依据表 3-1 与表 3-2 中土层和岩层的物理力学性质参数来计算基坑围护桩所受岩土体的压力分布情况，其中主动岩石压力按照式(3-42)和式(3-43)，侧压力计算时的参数根据《边坡规范》及工程现场岩土工程勘察报告结果来取值，作用在支护桩体上的土压力按朗肯主动土压力理论方法做计算，计算公式为

$$p_a = \gamma z K_a - 2c\sqrt{K_a} \tag{3-44}$$

式中：$K_a=\tan^2\left(45°-\dfrac{\varphi}{2}\right)$ 为主动土压力系数，其中 $\varphi$ 为土体内摩擦角，(°)；$\gamma$ 为土体重度，kN/m³；$c$ 为土的黏聚力，kPa；$z$ 为计算点距离地表的深度，m。

对测斜点 ZCX-2 位置处桩，其深度范围内地层剖面分布情况如图 3-13 所示。

据此可算得测斜点 ZCX-2 处桩体所受岩-土组合地层主动压分布，如图 3-14 所示。

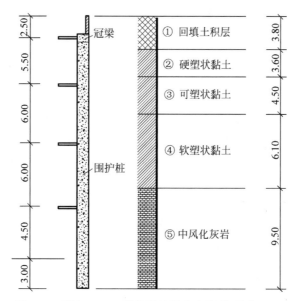

图 3-13　测点 ZCX-2 处位置地层分布情况(单位:m)

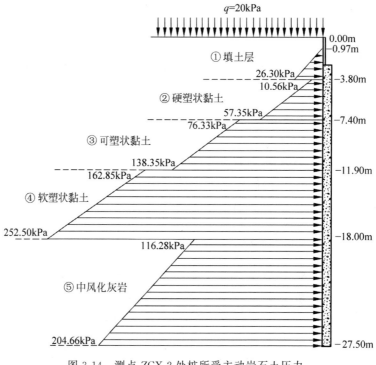

图 3-14　测点 ZCX-2 处桩所受主动岩石土压力

### 3.2.3　桩体变形理论计算及结果分析

应用上文所推导的理论方法对贵阳兴筑西路地铁站深基坑工程桩-撑支护结构各工况下的内力与变形进行计算,按照施工工况的开挖顺序及钢支撑的设计位置,当基坑分别挖至第一、二、三、四道钢支撑位置及挖至基坑底时,应用上文所述公式,分别计算反力函数为深度的不同指数 $n$ 分布情况及不同桩体刚度调整系数 $\varepsilon$ 情况下支护桩体的变形,即桩体的水平位移。开挖面下土体中桩体挠度微分方程为

$$EI \frac{\mathrm{d}^4 y_1}{\mathrm{d} x_1^4} = P_l b_s - m_1 x_1^n b_0 y_1 \tag{3-45}$$

式中,$n$ 为非零实数,吴恒立通过现场试验得到黏性土中 $n$ 的取值范围为 $0.5 \sim 1.0$[83],因此在本文计算分析中,分别取 $n$ 为 $0.6$、$0.7$、$0.8$、$0.9$ 与 $1.0$ 来计算分析;基坑开挖过程中,由于土体卸荷及桩土间相互作用,原本计算得到的桩体刚度 $EI$ 应引入一个调整系数 $\varepsilon$,即计算中桩体刚度值为 $\varepsilon EI$,规范中 $\varepsilon$ 一般取值为 $0.85$,在岩-土组合地层深基坑稳定性计算分析中,各开挖阶段下不能统一将桩体刚度调整系数 $\varepsilon$ 视为相同值,因此在本文计算分析中,分别取 $\varepsilon$ 为 $0.80$、$0.85$、$0.90$、$0.95$ 来计算分析,即取桩体刚度分别为:$0.80EI$、$0.85EI$、$0.90EI$、$0.95EI$;在岩-土复合地质条件下,岩土体侧压力是导致桩体变形的直接原因,因此本节将在岩土层分界位置处研究侧压力大小对桩体位移的影响规律。

本次计算选择了具有代表性的测斜点 ZCX-2 位置处桩体,由于理论计算解微分方程过程复杂及繁琐的数据处理过程,因此选择应用数值计算软件 Mathematica 编程进行计算。各开挖阶段所得的计算结果如下。

**1. 桩体水平位移理论计算结果**

1) 第一阶段

基坑挖至第一道支撑深度($-2.2\mathrm{m}$)位置时,此时钢支撑还未架设,若设 $h_1$ 为第一阶段基坑开挖的深度,$h_2$ 为岩土层分界处的深度,则可以把桩体以 $h_1$ 与 $h_2$ 为节点分成三段桩单元体分别建立独立坐标来进行计算,同时考虑了地面外荷载 $q$ 的作用,该阶段桩体的计算简图如图 3-15(a)所示。

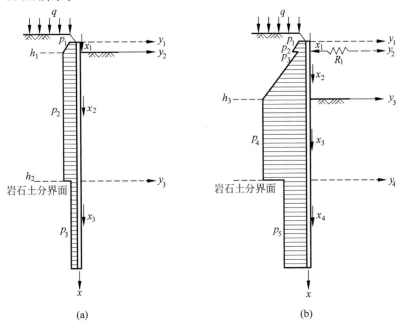

图 3-15　测点 ZCX-2 处第一、二阶段开挖受力计算简图

(a)第一阶段;(b)第二阶段

理论计算时先按照规范取桩体刚度调整系数 $\varepsilon$ 为 0.85,取土反力函数为深度 $x$ 的指数 0.6、0.7、0.8、0.9、1.0 分布情况,土抗力模数 $K$ 在深度不同指数下的分布如图 3-16 所示,在各分布函数情况下分别计算桩体内力与变形,并将计算结果与现场实测结果对比分析如图 3-17 所示。

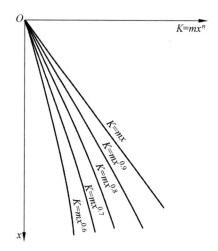

图 3-16   $n$ 取不同值时土抗力模数 $K$ 的分布图式

根据各段桩的挠曲微分方程通解并考虑节点处变形连续条件、桩的静力平衡条件及桩端处的边界条件,可以求解得到第一阶段桩体水平位移理论计算值,$n$ 分别取 0.6、0.7、0.8、0.9 及 1.0 时所得计算结果与该阶段现场实测数据对比如图 3-17 所示,图中黑色折线为位移实测值。

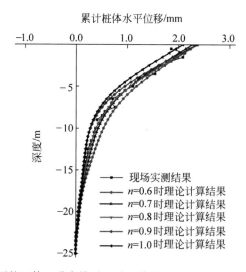

图 3-17   开挖至第一道支撑时不同 $n$ 值情况理论计算与实测对比曲线

由第一阶段的理论计算结果,可以得到开挖面 $h_1$ 处桩的水平位移值 $f(x_1)\big|_{x_1=h_1}=2.12\text{mm}$,该值即为考虑基坑开挖过程影响的第一道钢支撑处的初变位 $\delta_{10}$,即有初变位 $\delta_{10}=2.12\text{mm}$。当 $n$ 由 0.6 取至 1.0 时,桩体整体水平位移逐渐减小,变化曲线也呈现逐渐

向内凸起,与现场实测曲线对比得到,曲线显示现场实测结果与理论计算结果得到的桩体最大水平位移值均发生在桩顶位置处,在 $n$ 取不同值条件下桩体最大水平位移计算值与现场实测值对比如表 3-3 所示。

表 3-3　$n$ 取不同值时第一阶段桩体最大水平位移值分析

| $n$ 值 | 0.6 | 0.7 | 0.8 | 0.9 | 1.0 |
|---|---|---|---|---|---|
| 桩体最大水平位移值/mm | 2.26 | 2.19 | 2.06 | 2.02 | 1.99 |
| 与实测值差/% | 6.6 | 3.3 | -3.8 | -4.7 | -6.1 |

由表 3-3 得到,当 $n$ 取 0.7 时,理论计算值与现场实测值相差仅为 $-3.3\%$,且取 $n=0.7$ 时桩体整体水平位移曲线与现场实测曲线更加接近。

因此,第一阶段下取 $n=0.7$ 时来分析不同桩体刚度调整系数 $\varepsilon$ 情况下对支护桩体变形的影响,分别取 $\varepsilon$ 为 0.80、0.85、0.90 及 0.95,理论计算得到桩体水平位移变化曲线与现场实测结果对比如图 3-18 所示。

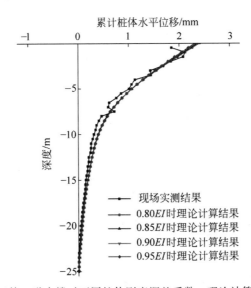

图 3-18　开挖至第一道支撑时不同桩体刚度调整系数 $\varepsilon$ 理论计算与实测对比曲线

由图 3-18 看出,不同桩体刚度调整系数下桩体水平位移曲线较为接近,差值均在 0.2mm 范围内,在 $\varepsilon$ 取不同值时桩体最大水平位移计算值与现场实测值对比如表 3-4 所示。

表 3-4　$\varepsilon$ 取不同值时第一阶段桩体最大水平位移值分析

| $\varepsilon$ 值 | 0.80 | 0.85 | 0.90 | 0.95 |
|---|---|---|---|---|
| 桩体最大水平位移值/mm | 2.41 | 2.37 | 2.34 | 2.31 |
| 与实测值差/% | 13.6 | 12.0 | 10.5 | 9.2 |

由表 3-4 得,不同桩体刚度调整系数 $\varepsilon$ 下理论计算值与现场实测值相差都较小,基本在 10% 范围内,当 $\varepsilon$ 取 0.95 时,理论计算值与现场实测值相差最小,为 9.2%。

2）第二阶段

设计深度（$-2.2$m）处布设了第一道钢支撑,基坑开挖至第二道支撑（$-8.2$m）位置,由于第一道钢支撑的架设,可以以支撑处、开挖面及岩石土分层处位置为节点,理论计算时可以将桩分成 4 段来考虑,则此时桩的计算受力简图如图 3-16 所示。理论计算时先按照规范取桩体刚度调整系数 $\varepsilon$ 为 0.85,同理取土反力函数为深度 $x$ 的指数为 0.6、0.7、0.8、0.9、1.0 分布情况,土抗力模数 $K$ 在深度不同指数下的分布图式如图 3-5 所示,在各分布函数情况下分别计算桩体内力与变形,并将计算结果与现场实测结果对比分析如图 3-19 所示。

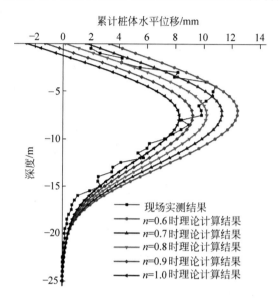

图 3-19　开挖至第二道支撑时不同 $n$ 值情况理论计算与实测对比曲线

由第二阶段的理论计算结果,可以得到此时第一道钢支撑 $h_1$ 处桩的水平位移值 $f(x_2)|_{x_2=h_1}=\delta'_{10}=2.62\text{mm}$,则该值与第一阶段时第一道钢支撑处的初变位 $\delta_{10}$ 的差值 $(\delta'_{10}-\delta_{10})$ 才为第一道钢支撑位置处的实际弹性变位。此时通过式(3-21)即可算出考虑基坑开挖过程影响下的第一道支撑力 $R_1$,得到

$$R_1 = R_{10} + G_1(\delta'_{10} - \delta_{10}) = [340 + 5.35 \times 105 \times (2.62 - 2.12) \times 10]\text{kN} = 3148.75\text{kN}$$

当 $n$ 由 0.6 取至 1.0 时,桩体整体水平位移逐渐减小,变化曲线向外凸的趋势也逐渐减小,但最大水平位移产生位置基本不变,与现场实测曲线对比得到,曲线显示现场实测结果与理论计算结果得到的桩体最大水平位移值均发生在开挖面附近处,在 $n$ 取不同值条件下桩体最大水平位移计算值与现场实测值对比如表 3-5 所示。

表 3-5　$n$ 取不同值时第二阶段桩体最大水平位移值分析

| $n$ 值 | 0.6 | 0.7 | 0.8 | 0.9 | 1.0 |
| --- | --- | --- | --- | --- | --- |
| 桩体最大水平位移值/mm | 12.43 | 11.29 | 10.23 | 9.22 | 9.27 |
| 与实测值差/% | 14.7 | 4.2 | −5.6 | −14.9 | −23.7 |

由表 3-5 得到,当 $n$ 取 0.7 时,理论计算值与现场实测值相差在 5% 范围内,且桩体最大水平位移实测值在 $n$ 取 0.7 时与理论计算值更接近。同理,第二阶段下取桩体刚度调整系数 $\varepsilon$ 为 0.80、0.85、0.90 及 0.95 情况,理论计算得到桩体水平位移变化曲线与现场实测结果对比如图 3-20 所示。

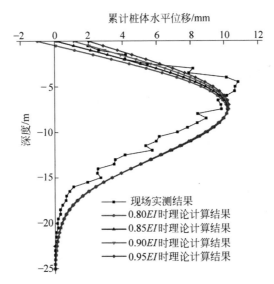

图 3-20　开挖至第二道支撑时不同桩体刚度调整系数 ε 理论计算与实测对比曲线

由图 3-20 可以看出,不同桩体刚度调整系数下桩体水平位移曲线主要差别在开挖面以上桩体变形值,在 ε 取不同值时桩体最大水平位移计算值与现场实测值对比如表 3-6 所示。

表 3-6　ε 取不同值时第二阶段桩体最大水平位移值分析

| ε 值 | 0.80 | 0.85 | 0.90 | 0.95 |
|---|---|---|---|---|
| 桩体最大水平位移值/mm | 10.19 | 10.23 | 10.25 | 10.29 |
| 与实测值差/% | −6.0 | −5.6 | −5.4 | −5.0 |

由表 3-6 得到,不同桩体刚度调整系数 ε 下理论计算值与现场实测值相差较小,当 ε 取 0.95 时,理论计算值与现场实测值相差最小,为 −5.0%。

3）第三阶段

安置第二道支撑,基坑挖至第三道支撑深度(−13.5m)位置,采用同样理论在基坑开挖面、支撑位置、土层分层及岩石土分界位置处对桩体进行分段处理,此时桩的计算简图如图 3-21(a)所示。由于基坑开挖面以下部分土体高度仅有 2.0m 左右,指数 n 对桩体变形的影响已较小,由前两阶段得出 n 的取值为 0.7 或 0.8 时较为合理,因此在第三阶段中,取 n 为 0.7,理论计算得到桩体水平位移变化曲线与现场实测结果对比如图 3-22 所示。

由图 3-22 看出,随着桩体刚度调整系数的增大,桩体最大水平位移值越小,但桩顶处水平位移发展趋势逐渐向外,在 ε 取不同值时桩顶水平位移和桩体最大水平位移计算值与现场实测值对比如表 3-7 所示。

表 3-7　ε 取不同值时第三阶段桩顶水平位移和桩体最大水平位移值分析

| ε 值 | 0.80 | 0.85 | 0.90 | 0.95 |
|---|---|---|---|---|
| 桩体最大水平位移值/mm | 24.62 | 24.28 | 23.99 | 23.72 |
| 与实测值差/% | 1.3 | −0.2 | −1.5 | −2.4 |
| 桩顶水平位移值/mm | −1.84 | 0.33 | 2.22 | 3.88 |
| 与实测值差/% | −520.9 | −24.5 | 406.6 | 783.7 |

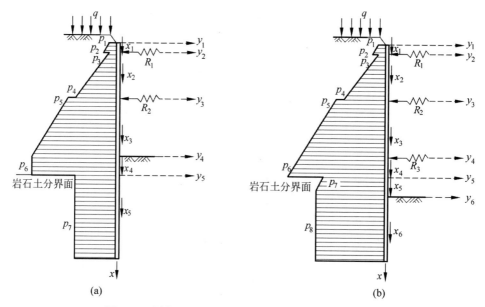

图 3-21 测点 ZCX-2 处第三、四阶段开挖受力计算简图

（a）第三阶段；（b）第四阶段

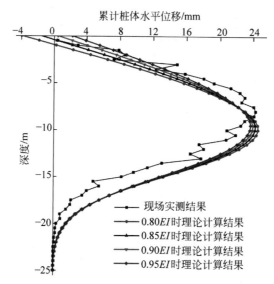

图 3-22 开挖至第三道支撑时不同桩体刚度调整系数 ε 理论计算与实测对比曲线

　　由表 3-7 得，理论计算与实测最大水平位移相差较小，ε 取 0.85 时，理论计算与现场实测桩体最大水平位移相差最小为 −0.2%，桩顶水平位移值相差 −24.5%。

　　4）第四阶段

　　基坑挖至第四道支撑深度（−19.5m）位置，此时桩体的计算简图如图 3-21（b）所示。不同桩体刚度调整系数 ε 理论计算得到桩体水平位移变化曲线与现场实测结果对比如图 3-23 所示。

　　5）第五阶段

　　基坑开挖至底部设计标高位置（−23.0m），此时桩的计算简图如图 3-24 所示。同理得不同桩体刚度调整系数 $\varepsilon$ 理论计算得到桩体水平位移变化曲线与现场实测结果对比如图 3-25 所示。

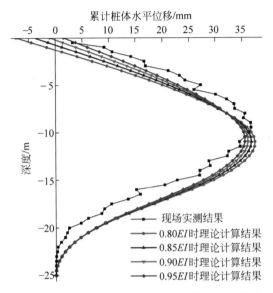

图 3-23  开挖至第四道支撑时不同桩体刚度调整系数 $\varepsilon$ 理论计算与实测对比曲线

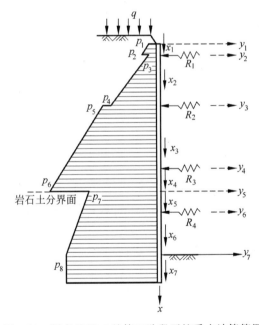

图 3-24  测点 ZCX-2 处第五阶段开挖受力计算简图

由图 3-25 看出,随着桩体刚度调整系数的增大,桩体最大水平位移值越小,桩体变形曲线外凸程度越小,在 $\varepsilon$ 取 0.80 时理论计算所得桩体水平位移最大值与现场实测值更为接近。

第四阶段与第五阶段不同桩体刚度调整系数理论计算桩体最大水平位移与实测数据对

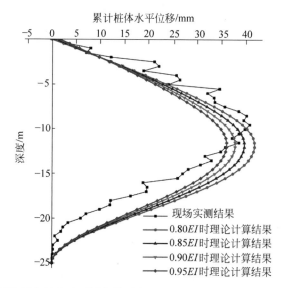

图 3-25 开挖至基坑底时不同桩体刚度调整系数 ε 理论计算与实测对比曲线

比如表 3-8 所示。

表 3-8 $\varepsilon$ 取不同值时第四、五阶段桩体最大水平位移值分析

| $\varepsilon$ 值 | 0.80 | 0.85 | 0.90 | 0.95 |
|---|---|---|---|---|
| 第四阶段桩体最大水平位移值/mm | 37.39 | 36.74 | 36.12 | 35.53 |
| 与实测值差/% | 2.0 | 0.2 | 1.5 | -3.1 |
| 第五阶段桩体最大水平位移值/mm | 41.76 | 39.65 | 37.75 | 36.03 |
| 与实测值差/% | -2.4 | -2.7 | -7.4 | -11.6 |

由表 3-8 中看出,第四阶段,ε 取 0.85 时理论计算值与实测值相差 0.2%;第五阶段,ε 取 0.80 时理论计算值与实测值相差 -2.4%。

**2. 理论计算结果分析**

基坑开挖至第一道钢支撑位置时不同 $n$ 值情况下测点 ZCX-2 处桩体变形理论计算值与实测桩体水平位置值对比如图 3-17 所示。由图可以看出,在基坑初始开挖阶段,桩体水平位移值整体都不大且随深度增加逐渐减小,不同 $n$ 值情况理论计算结果所得桩体最大水平位移值出现在桩顶处位置,$n$ 值越小,所得到的理论计算结果越大,而现场实测所得桩体最大水平位移值出现在桩顶偏下位置,这主要是因为基坑中冠梁有效地限制了桩顶位移的作用,而理论计算中将桩顶视为自由端,没有考虑冠梁的影响;理论与现场结果对比分析得,当 $n$ 取 0.7 时理论计算结果与现场实测结果更为接近,桩体实测最大水平位移值为 2.12mm,$n=0.7$ 时的理论计算值为 2.19mm,理论与实测相差仅 -3.3%。理论计算结果与现场实测数据在桩顶附近处差别的原因主要有:①初始开挖阶段桩体变形受地面外荷载影响较大,计算中将外荷载简化成一均布荷载来考虑,这与现场实际的车辆动荷载、施工荷载等情况存在一定差异性;②施工场地地面处地层主要为人工填土层,理论计算中对土层物理力学性质参数的选取与实际情况有误差,存在一定的不确定性;③理论计算过程中,基坑支护结构的受力以及与周围岩土体复合情况都进行了简化与理想化处理产生了一定的偏差；④桩体、冠梁等围护结构的计算取值与现场施工情况也会有所不同。这些差异性都是影响理论计算结果与现场实测数据存在着偏差的因素，其中影响程度较大的是岩石土地层物理力学性质参数取值。

图 3-18 为基坑开挖至第一道支撑时在 $n=0.7$ 情况下不同桩体刚度调整系数 $\varepsilon$ 下理论计算与现场实测对比曲线。由图可以看出，在取桩体刚度分别为 $0.80EI$、$0.85EI$、$0.90EI$、$0.95EI$ 情况下所得理论计算结果曲线相差均较小，与现场实测结果最大差仅为 $13.6\%$，出现该情况的主要原因是基坑初始开挖阶段，开挖深度较小，因此桩体刚度对桩体变形的影响也较小。

图 3-19 为第一道支撑架设后，基坑开挖至第二道支撑位置时不同 $n$ 值下的理论计算结果与现场实测数据对比图。由图可以看出该阶段桩顶处水平位移大小与第一阶段时的值差别不大，这是因为架设的第一道支撑发挥了其支护作用，有效地抑制了桩顶处的变形，最大水平位移位置也因此发生下移；理论计算结果受 $n$ 值的影响较大，$n$ 值越大，得到的桩体变形越小，桩顶水平位移表现为先减小再反向增大的形式，由图可以看出，当 $n$ 取 $0.7$ 或 $0.8$ 时，理论计算结果与现场实测结果曲线变化趋势更加接近；所得理论计算与现场实测结果得到的桩体最大水平位移位置都位于基坑开挖面的位置附近，现场测得值为 $10.83\text{mm}$，$n=0.7$ 时理论计算得 $11.29\text{mm}$，与实测相差 $4.2\%$，$n=0.8$ 时理论计算得 $10.23\text{mm}$，与实测相差 $-5.6\%$，其中理论计算产生的最大水平位移位置较现场实测所得的位置靠下 $2.0\text{m}$ 左右。理论计算所得结果与现场实测变形曲线的变化趋势都较相似，且有一共同特点，即都在岩-土分界位置（$-15.5\text{m}$）附近出现明显拐点，这是在理论计算中，由于岩石土物理力学性质的较大差异，在岩-土分界位置进行了分段计算，同样在支撑位置及不同土层分界处都进行了分段计算，这样能够让理论计算结果更接近现场实际，减小计算误差。

图 3-20 为基坑开挖至第二道支撑时在 $n=0.7$ 情况下不同桩体刚度调整系数 $\varepsilon$ 下的理论计算与现场实测对比曲线。由图可以看出，在取桩体刚度分别为 $0.80EI$、$0.85EI$、$0.90EI$、$0.95EI$ 情况下所得理论计算结果曲线在开挖面以上部分桩体差别相对大些，即不同桩体刚度调整系数对桩体最大水平位移值影响不大，对桩顶附近处变形影响较大，当 $\varepsilon$ 取 $0.95$ 时桩体变形理论计算最大值与现场实测值相差最小，为 $-5.0\%$，而按规范取 $\varepsilon$ 为 $0.80$ 时相差最大，为 $-6.0\%$，出现该情况的主要原因是在岩-土组合地层情况下，由于岩石强度相对较大，嵌固于岩层中的桩体刚度相对也会大些，因此桩体变形理论计算中的桩体刚度调整系数应根据实际工程概况作相应调整。

图 3-22 为第二道支撑架设后，基坑开挖至第三道支撑位置时不同桩体刚度调整系数 $\varepsilon$ 下的理论计算与实测结果对比曲线图。对桩体前三分之一段，桩体刚度调整系数越大，桩体变形越大；对桩体后半段，桩体刚度调整系数越大，桩体变形越小；总体来看，当桩体刚度取为 $0.85EI$ 时的理论计算结果与现场实测结果趋势更接近，其中理论计算所得桩顶的水平位移值与实测值相差 $-24.5\%$，桩体最大水平位移值与实测值相差 $-0.2\%$。理论计算结果在桩顶位置、支撑位置变形均不大，这是由于第一、二道支撑发挥的支护作用，理论计算得到的桩体最大水平位置相对偏下 $2.0\text{m}$ 左右。现场实测曲线相比较圆滑的理论计算结果曲线，不规则波动的现象较为明显，这是因为当基坑开挖深度较大时，现场爆破施工方法对现场实测数据有一定影响，而理论计算中没有考虑爆破施工震动的影响，但总体来看，不论是理论计算结果或是现场实测结果，桩体的水平位移值都在安全规范的范围。因此，根据理论

计算所得结果进行基坑围护结构的设计和施工,可以有效地保证基坑开挖过程中围护结构的安全稳定性。

图 3-23 显示的工况是基坑开挖至第四道支撑位置($-19.5m$)时,不同桩体刚度调整系数 $\varepsilon$ 下的理论计算曲线变化趋势规律与上一阶段相同,当 $\varepsilon$ 取 0.85 时理论计算结果曲线与现场实测桩体变形曲线趋势相近,水平位移值在第三道与第四道支撑间开始快速减小,水平位移最大值位置也位于开挖面以上,这是由于第四道支撑位置已位于岩层部分。图 3-25 中所得的理论计算曲线与上一阶段差别较小,整体曲线变化趋势也相似,当 $\varepsilon$ 取 0.80 时理论计算结果曲线与现场实测桩体变形曲线趋势相近,桩体最大水平位移值位置位于第三道支撑与第四道支撑之间,这主要是因为第四道支撑到基坑底之间为岩层地质,但岩层处爆破施工的方法导致现场实测数据出现不规则的波动。

由以上岩-土组合地层支护桩的变形理论计算结果与实测数据比较分析结果总结得到,在岩-土复合地质条件下,由于岩层与土层物理力学性质的差异性及地下围护结构受力的复杂性,理论计算应用考虑开挖过程影响以及分段分坐标的计算方法,当土抗力函数 $p(x)$ 与深度 $x$ 呈 0.7 指数分布时,所得计算结果与现场实测结果的变形趋势及最大水平位移值位置大致符合。桩体刚度对桩体变形影响规律为:当基坑开挖深度不大时,桩体刚度对桩体变形影响相对较小;随着基坑开挖深度的不断加深,桩体刚度对桩体变形影响也逐渐变大;整体来看,桩体刚度大小对桩体变形的影响主要为变形值大小的影响,基坑开挖深度不大时,桩体刚度取值偏大些所得理论计算结果更符合现场实测,基坑开挖深度增大时,桩体刚度取值偏小些所得理论计算结果更符合现场实测。桩体水平位移变化趋势都表现为:钢支撑与开挖面位置处的变形速率会相对减小,在岩石和土层分界面位置处,桩体变形快速减小而出现明显拐点,岩层部位桩体变形都较小。所得理论计算值较实测数据偏大,但差值基本在可控范围,这也有利于基坑围护结构设计时偏于安全,以保证开挖施工过程中围护结构的稳定性。

# 第**4**章

# 空间效应作用下深基坑地表变形
# 数值计算研究

## 4.1 基坑周边地表沉降预测分析

### 4.1.1 基坑周边地表沉降计算理论

#### 1. 原有地表沉降计算理论

现阶段计算基坑周边地表沉降的理论主要有 Peck 曲线经验估算法和地层损失法。

1) Peck 曲线经验估算法

Peck 大量收集了芝加哥和奥斯陆等地的基坑周边地表沉降监测数据,通过对实测数据的分析,提出了不同地质条件下地表沉降经验估算的方法。Peck 经验估算曲线如图 4-1 所示。

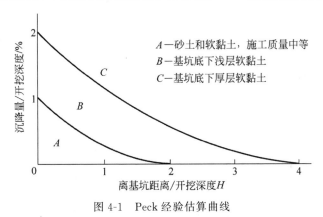

图 4-1 Peck 经验估算曲线

在之后长期的工程实践中,人们对 Peck 经验估算法进行了如式(4-1)的修正和完善:

$$\delta = 10K\alpha H \tag{4-1}$$

式中:$K$ 为修正系数,板墙取 1.01,壁式围护墙取 0.3,柱列支护结构取 0.7;$H$ 为基坑开挖深度,m;$\alpha$ 为地层沉降量与基坑挖深比,具体值可查阅图 4-2。

2) 地层损失法

地层损失法核心思想是利用墙体变形面积和地表沉降面积相关,采用杆系有限元法或弹性地基梁法求解墙体变形,之后拟合墙体变形曲线,求出墙体变形面积。在求解地表沉降

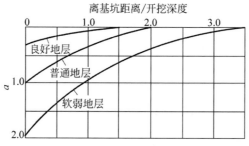

图 4-2　地表沉降与开挖深度的关系

面积时将地表沉降曲线简化为"三角形"或"指数形"。

按"三角形"地表沉降曲线计算时,地表沉降计算模型如图 4-3 所示。

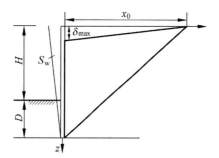

图 4-3　"三角形"计算模型

地表沉降影响范围 $x_0$ 为

$$x_0 = (H + D)\tan(45° - \varphi/2) \qquad (4-2)$$

式中:$H$ 为基坑开挖深度,m;$D$ 为墙体插入深度,m;$\varphi$ 为墙体背后土层的平均内摩擦角,(°)。

根据地表沉降面积等于墙体变形面积得

$$\frac{x_0 \delta_{max}}{2} = S_w \qquad (4-3)$$

地表最大沉降值为

$$\delta_{max} = \frac{2S_w}{x_0} \qquad (4-4)$$

按"指数形"地表沉降曲线计算时,地表沉降计算模型如图 4-4 所示。

计算模型将指数形地表沉降槽曲线分割为正态分布曲线和三角形曲线,沉降分别对应图 4-4 中 $\delta_{m1}$ 及 $\delta_{m2}$。正态分布曲线如图 4-5 所示。

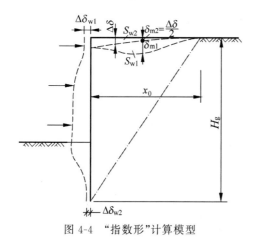

图 4-4　"指数形"计算模型

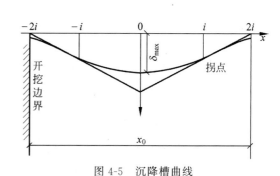

图 4-5　沉降槽曲线

根据图 4-5 所示,并假定 $x_0 \approx 4i$。

$$S_{w1} = 2.5 \cdot (x_0/4) \cdot \delta_{m1} \qquad (4-5)$$

$$\delta_{m1} = \frac{4S_{w1}}{2.5x_0} \qquad (4-6)$$

$$x_0 = H_g \tan(45° - \varphi/2) \tag{4-7}$$

$$\Delta\delta = \frac{1}{2}(\Delta\delta_{w1} + \Delta\delta_{w2}) \tag{4-8}$$

式中：$\delta_{w1}$ 为围护墙顶水平位移，mm；$\delta_{w2}$ 为围护墙底水平位移，mm。

则可计算出各点沉降：

$$\Delta\delta_i = \delta_{m1}\left(\frac{x_i}{x_0}\right)^2 \tag{4-9}$$

最大沉降值：

$$\Delta\delta_{max} = \delta_{m1} + \delta_{m2} = \delta_{m1} + \frac{\Delta\delta}{2} = \frac{1.6S_w}{x_0} - 0.3\Delta\delta \tag{4-10}$$

式中：$S_w$ 为地表沉降面积，$m^2$；$x_i$ 为地表沉降范围内各点距沉降边界的距离，m；$\delta_{m1}$、$\delta_{m2}$ 分别对应图 4-4 中指数形地表沉降曲线分割后正态分布曲线沉降和三角形曲线沉降。

采用 Peck 曲线经验估算法计算地表沉降较为简单易用，但是计算结果相对粗糙，仅适用于地表沉降的初步估算。相比较之下，地层损失法能够更加准确地计算出地表沉降值，并且在把握地层损失法核心思想前提下，可以结合当地地表沉降特点进行改进计算，该方法有很大的灵活性。但是，地层损失法未考虑空间效应的影响，例如由前两节分析可知，当基坑端部围护结构变形为零时，该断面墙体背后的地表沉降不为零，此时无法将墙体变形面积和地表沉降面积建立联系。此外，地层损失法仅考虑某一断面上墙体变形和地表沉降，事实上某一断面墙体变形亦会对邻近断面地表沉降产生一定影响。考虑到基坑有空间效应作用这一事实，因此在一定程度上地层损失法并不能准确预测出墙后任意位置处地表沉降值。

**2. 考虑空间效应地表沉降计算理论**

空间效应作用下地表沉降计算模型如图 4-6 所示，其基本假设如下：

（1）在基坑开挖过程中，围护结构后土体体积保持不变；

（2）围护结构后土体沉降由围护结构侧向变形引起；

（3）围护结构侧向变形的体积等于地表沉降的体积。

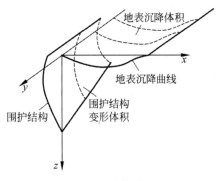

图 4-6　计算模型

## 4.1.2　支护结构变形体积计算

根据第 2 章研究结果可知，围护结构变形存在显著的空间效应，空间效应影响范围内围护结构变形远小于未受影响段。故在计算围护结构变形体积时需分空间效应影响段和未影响段两段计算。未受空间效应影响段围护结构受力和变形可按二维平面问题进行分析，求解出未受空间效应影响段围护结构变形后，结合第 2 章引入的空间效应变形系数 $k$ 即可得到空间效应影响段围护结构变形情况，进而可求出每段的围护结构变形体积。

**1. 围护结构变形曲线拟合**

求得基坑支护结构的单元节点位移后按最小二乘法拟合即可得出支护结构的侧向位移曲线。根据第 2 章计算结果，桩体变形符合抛物线型变形，故按二次函数拟合桩体变形。

设拟合曲线为

$$f(z) = az^2 + bz + c \tag{4-11}$$

由最小二乘法原理可得到下列方程组：

$$
\begin{cases}
a \sum_{i=1}^{n} z_i^2 + b \sum_{i=1}^{n} z_i + cn = \sum_{i=1}^{n} f(z_i) \\[2mm]
a \sum_{i=1}^{n} z_i^3 + b \sum_{i=1}^{n} z_i^2 + c \sum_{i=1}^{n} z_i = \sum_{i=1}^{n} z_i f(z_i) \\[2mm]
a \sum_{i=1}^{n} z_i^4 + b \sum_{i=1}^{n} z_i^3 + c \sum_{i=1}^{n} z_i^2 = \sum_{i=1}^{n} z_i^2 f(z_i)
\end{cases} \tag{4-12}
$$

式中，$[z_i, f(z_i)]$ 分别为单元节点坐标及计算侧向位移值，将之代入式(4-11)即可求得系数 $a$、$b$、$c$ 值。

若知道支护结构顶点坐标 $(0, c)$ 和极值点 $[z_m, f(z_m)]$，可由式(4-12)求得

$$
\begin{cases}
a = \dfrac{c - f(z_m)}{z_m^2} \\[4mm]
b = -\dfrac{2[c - f(z_m)]}{z_m}
\end{cases} \tag{4-13}
$$

**2. 桩体变形体积计算**

桩体变形体积($V_桩$)可分受空间效应影响段($V_1$)和不受空间效应段($V_2$)分别计算。空间效应影响范围 $b$ 内，结合第 2 章分析，桩体变形曲线为

$$
\begin{aligned}
f'(z) &= k \cdot f(z) \\
&= (az^2 + bz + c) \cdot \left[ 1 - \dfrac{0.02 H^{2.5}}{0.02 H^{2.5} + y^{2.5} \tan^{2.5}\left(45° - \dfrac{\varphi}{2}\right)} \right]
\end{aligned} \tag{4-14}
$$

在空间效应范围内对式进行积分，即可得到基坑受空间效应影响段的支护结构变形体积：

$$V_1 = 2 \int_0^b \int_0^{H_g} (az^2 + bz + c) \cdot \left[ 1 - \dfrac{0.02 H^{2.5}}{0.02 H^{2.5} + y^{2.5} \tan^{2.5}\left(45° - \dfrac{\varphi}{2}\right)} \right] \mathrm{d}z\,\mathrm{d}y \tag{4-15}$$

未受空间效应影响段，桩体变形基本一致，求出基坑中部桩体变形面积再乘以未受空间效应影响段长度即可得到：

$$V_2 = (L - 2b) \int_0^{H_g} (az^2 + bz + c) \mathrm{d}z \tag{4-16}$$

可求得整个桩体变形体积

$$V_桩 = V_1 + V_2 \tag{4-17}$$

## 4.1.3  地表沉降体积计算

**1. 地表沉降范围**

1）地表横向沉降范围

关于地表沉降范围计算，主要有以下观点：Peck 和 Goldbe 认为，砂土和硬黏土的沉降

范围一般在 2 倍开挖深度内,而软土中基坑沉降范围则要达到 2.5~4 倍的开挖深度。张尚根等对 20 个典型软土深基坑开挖监测数据进行了统计分析,认为地表沉降范围为 $\psi H_g$, $H_g$ 为支护结构长度,$\psi$ 为经验系数,一般取 1.8。刘国彬认为地表沉降范围为 $H_g \tan(45° - \varphi/2)$,$H_g$ 为支护结构长度,$\varphi$ 为墙后土体平均内摩擦角。Caspe 认为地表横向沉降范围为 $(H + H_d)\tan(45° - \varphi/2)$,其中 $H$ 为基坑开挖深度,$\varphi$ 为墙后土体平均内摩擦角,对黏性土 $H_d$ 等于基坑开挖宽度 $B$,对于非黏性土 $H_d$ 等于 $0.5B \tan(45° + \varphi/2)$。

　　将数值计算中不同开挖深度和不同土体内摩擦角下的地表横向沉降范围与上述方法计算值进行对比,对比结果如图 4-7 所示。

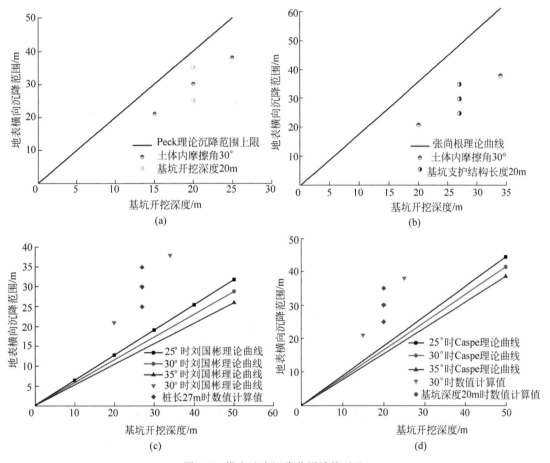

图 4-7　横向地表沉降范围计算对比

　　由图 4-7 可知,地表横向沉降范围均在 2 倍的基坑开挖深度范围内,但是 Peck 理论只是经验性地指出地表横向沉降大概范围,无法求出其具体值。根据张尚根理论求出的地表横向沉降范围值与数值计算值最大相差 23.6m,最小相差 13.6m。与此同时,数值计算结果显示,地表横向沉降范围随着土体内摩擦角的增大而减小,然而该理论未考虑土体内摩擦角的影响,故不适用。根据刘国彬理论求出的地表横向沉降范围值与数值计算值最大相差18.37m,最小相差 9.45m。根据 Caspe 理论求出的地表横向沉降范围值与数值计算值最大相差 11.06m,最小相差 0.16m。简艳春通过考察若干个实例指出,在采用刘国彬理论计算地表横向沉降范围时,根据工程实际采用 $kH_g\tan(45°-\varphi/2)$ 能更好地计算出地表横向沉降范围,故采用 $2H_g\tan(45°-\varphi/2)$ 试算地表横向沉降范围,计算结果与数值计算结果对比分析如图 4-8 所示。

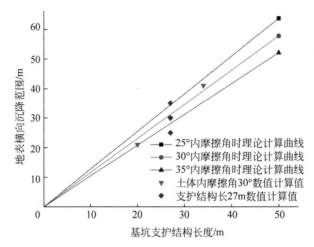

图 4-8　横向地表沉降范围对比分析

由图 4-8 可知,理论计算结果与数值计算结果基本重合,地表横向沉降范围最大相差 3.11m,最小相差 0.59m。故可以采用 $2H_g\tan(45°-\varphi/2)$ 计算地表横向沉降范围。

地表横向沉降范围为

$$x_0 = 2H_g\tan\left(45°-\frac{\varphi}{2}\right)\tag{4-18}$$

式中:$H_g$ 为基坑支护结构长度,m;$\varphi$ 为土体平均内摩擦角,(°)。

2)地表纵向沉降范围

由第 3 章分析可知,地表纵向沉降范围随着基坑开挖深度增大而增大,随着土体内摩擦角增大而减小,与此同时,基坑端部外地表纵向沉降范围随着距基坑长边距离增大而逐渐减小。保守计算,假定基坑端部外地表纵向沉降范围与基坑短边的横向地表沉降范围相等,则基坑长边纵向地表沉降范围为

$$y_0 = 4H_g\tan\left(45°-\frac{\varphi}{2}\right)+L\tag{4-19}$$

式中:$H_g$ 为基坑支护结构长度,m;$\varphi$ 为土体平均内摩擦角,(°);$L$ 为基坑开挖长度,m。

**2. 地表沉降分布概化曲线**

1)横向地表沉降分布概化曲线

"凹槽形"横向地表沉降曲线按正态分布密度函数进行拟合,计算简图如图 4-9 所示。

地表沉降曲线设为正态分布模式,以横向地表沉降最大下沉点 $O_1$ 为坐标原点,则横断面上任意点的沉降表达式为

$$\delta_x = \delta_{\max}\mathrm{e}^{-\pi\frac{x^2}{r^2}}\tag{4-20}$$

式中:$\delta_{\max}$ 为横向地表沉降最大沉降值,mm;$r$ 为沉降盆的计算影响半径,m。

$$r = \eta(x_0 - x_m)\tag{4-21}$$

式中:$\eta$ 为影响半径系数,$\eta=1.1\sim1.2$,$\varphi\leqslant10°$ 时,取 1.1;$\varphi>10°$ 时,取 1.2;$x_0$ 为地表沉

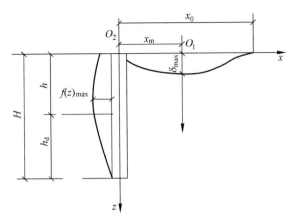

图 4-9　正态函数拟合计算简图

降影响范围；$x_m$ 为地表沉降最大值位置距基坑边的距离。

地表沉降最大值位置距基坑边的距离为

$$x_m = \frac{H}{\tan\beta} \tag{4-22}$$

式中：$H$ 为基坑开挖深度，m；$\beta$ 为地基土最大下沉角，(°)。

$\beta$ 角与土层按厚度加权平均内摩擦角 $\varphi$ 关系为

$$\beta = 82° - 2.36\varphi \tag{4-23}$$

2）纵向地表沉降分布概化曲线

图 4-10(a)所示为距基坑边一定范围内的纵向地表沉降(曲线 $A$)因受端墙影响出现沉降抑制点，从而导致该沉降曲线不规则、无规律，无法较好的估算。超出一定范围，纵向地表沉降(曲线 $B$)不受端墙影响，是一条光滑的曲线。与此同时，如若假设无沉降抑制现象，纵向地表沉降如图 4-10(b)所示，使沉降抑制点附近地表沉降值大于实际值，不但能保证工程安全，还使沉降曲线平滑，便于计算。因此，将受抑制的沉降曲线进行简化，按图 4-10(b)中的曲线进行计算分析。

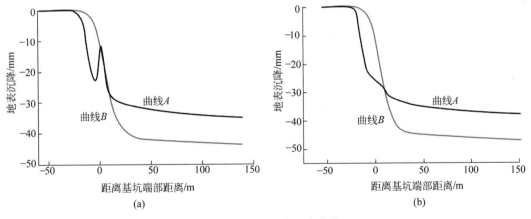

图 4-10　纵向地表沉降曲线

采用玻耳兹曼函数来考虑基坑纵向地表沉降，计算简图如图 4-11 所示。

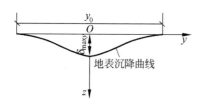

图 4-11　纵向地表沉降计算模型

以基坑中部纵向地表沉降最大下沉点 $O$ 为坐标原点,则纵断面上任意点的沉降表达式为

$$\delta_{(y)} = \delta_{\max y} \frac{1}{1 + e^{(2y - y_0)/12}} \quad (4\text{-}24)$$

式中:$\delta_{\max y}$ 为纵向地表沉降最大沉降值,mm;$y$ 为计算点距基坑中部的距离,m;$y_0$ 为地表纵向沉降范围,m。

**3. 地表沉降体积**

经过前两节分析可知,基坑墙后任意位置处地表沉降值为

$$\delta(x, y) = \delta_{\max y} e^{-\pi \frac{x^2}{r^2}} \cdot \frac{1}{1 + e^{(2y - y_0)/12}} \quad (4\text{-}25)$$

在地表沉降范围内对式(4-25)积分可得地表沉降体积

$$V_{\text{地表}} = 2 \int_0^{\frac{x_0}{2}} \int_0^{\frac{y_0}{2}} \delta_{\max y} e^{-\pi \frac{x^2}{r^2}} \cdot \frac{1}{1 + e^{(2y - y_0)/12}} \, dx \, dy \quad (4\text{-}26)$$

式中:$\delta_{\max y}$ 为地表沉降最大沉降值,mm;$x_0$ 为地表横向沉降范围,m;$y_0$ 为地表纵向沉降范围,m;$x$ 为横向沉降断面计算点距基坑的距离,m;$y$ 为纵向沉降断面计算点距基坑中部的距离,m;$r$ 为沉降盆的计算影响半径,m。

## 4.1.4　任意位置处地表沉降计算

综合前三节分析,使桩体位移体积 $V_{\text{桩}}$ 等于 $V_{\text{地表}}$,可求解出地表沉降最大值 $\delta_{\max y}$。

求解出地表沉降最大值 $\delta_{\max y}$ 后可根据式(4-25)求出任意位置处的地表沉降,至此,基坑墙后任意位置处的地表沉降均可预测计算出。

# 4.2　空间效应作用下深基坑地表变形实例分析

## 4.2.1　深基坑基本工程概况

北京地铁 7 号线东延段万盛南街西口站位于北京市朝阳区,沿万盛南街东西向布置,车站起止里程为 K32+088.100－K32+290.300。本站为岛式车站,有效站台宽度 14m,车站总长 191.0m,标准段宽 23.5m、深 25.75m,盾构井处宽 29.0m,深 31.097m。车站标准段覆土 3.5m,底板埋深 29.25m。车站主体采用四层双柱三跨框架结构形式,明挖法施工,车站西端接矿山区间,东端接盾构法区间(为盾构接收)。

车站明挖基坑长 191.2m,标准段宽 23.7m,深 29.45m;盾构井处宽 29.0m,深 31.097m。基坑平面尺寸如图 4-12 所示。

基坑主体围护结构为 $\phi1200@1600\text{mm}$ 钻孔灌注桩,嵌固深度为 8m。内支撑采用混凝土支撑、钢支撑、钢换撑的支撑体系。基坑标准段横断面如图 4-13 所示。

图 4-12　基坑平面尺寸(单位:m)

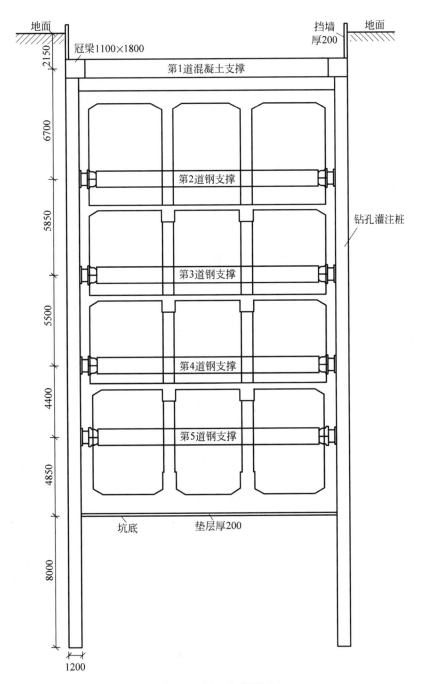

图 4-13　标准段横断面

### 4.2.2 基坑现场监测

**1. 地表沉降监测**

1）监测点布设

基坑周边共计布设 22 个地表沉降监测断面，每间隔 20m 设置一个地表监测断面，沉降断面从基坑围护结构外侧 5m 外算起，每个断面 2 个测点，共布设 40 个地表沉降测点，地表沉降测点现场布置如图 4-14 所示。

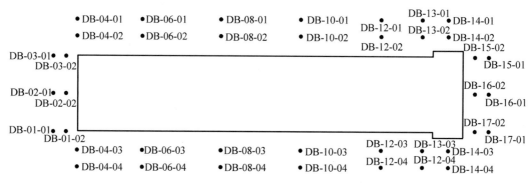

图 4-14　地表沉降测点布置

地表沉降测点采用套筒埋设方式布设，布设方式如图 4-15 所示。

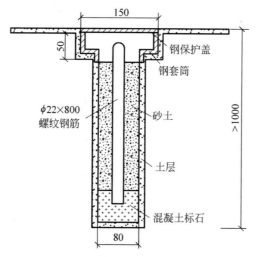

图 4-15　测点布设方式示意

2）监测方法

利用天宝 DINI03 电子水准仪及配套条码铟钢尺进行几何水准测量。

**2. 桩顶沉降及水平位移监测**

1）监测点布设

基坑端墙中部和盾构井中部围护桩顶分别布设一个测点，基坑标准段长边每隔 40m 布设一个测点，总计布设 12 个桩顶沉降及水平位移测点，现场布置示意如图 4-16 所示。

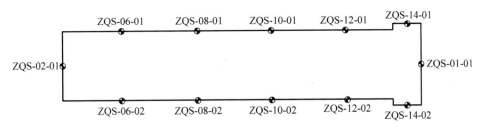

图 4-16 桩顶沉降及水平位移测点布置示意

桩顶沉降与桩顶水平位移测点共用,采用经加工的长 150mm、$\phi$16 的螺纹钢埋设在桩顶,埋设深度 100mm,顶部安装标准棱镜。测点埋设布置方式如图 4-17 所示。

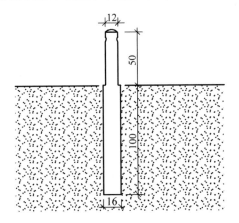

图 4-17 观测标志埋设方式

2）监测方法

沉降监测方法:利用全站仪,采用黄海高程系统,以唯一基准点为起算点,严格按照二等水准测量要求进行观测。

水平位移监测方法:利用全站仪,采用已知后视点测量方法进行监测,本次测值减去上次测值即得到水平位移量。

**3. 桩体水平位移监测**

1）监测点布设

在基坑围护结构桩上共布设 12 个桩体水平位移监测点,每间隔 40m 设置一个桩体水平位移监测点,现场布置示意如图 4-18 所示。

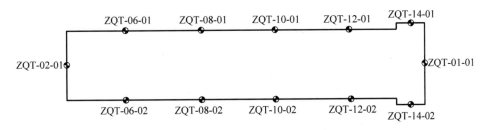

图 4-18 桩体水平位移测点布置示意

测斜管为内径 66mm、壁厚 2mm 的 PVC 管,管内预先设有十字滑槽,测斜管的长度和桩长相等。在安装埋设测斜管时首先应严格按照设计图定位,之后封死管底并和钢筋底端对齐,采用铁丝将测斜管固定在钢筋笼上,随后随着钢筋笼吊装就位,在安装测斜管时应保证十字槽的一条边与基坑边垂直,不进行测斜作业时应加盖保护,防止杂物掉入破坏监测设施。

2)监测方法

采用 CX-01 测斜仪进行监测,测斜仪由测斜探头、电缆和测读仪三部分组装而成。测斜时,为避免测量过程中测斜仪探头偏移,应对准十字卡槽,缓慢地将测斜探头放至底部,之后缓慢地上拉电缆,每隔 0.5m 停顿测量一次,量测出桩体每个测点对于垂直基坑方向的夹角。一次测量完成后,需将测斜探头反转 180° 进行第二次反向测量,根据两次结果得出的角位移可算出相应桩体在不同桩体位置的变形,监测完后采用计算机进行数据处理即可得到该桩体的水平变形曲线。

## 4.2.3 地表沉降计算及结果分析

### 1. 地表沉降计算

1)桩体水平位移计算

根据万盛南街西口站基坑工程地质资料和设计、施工方案,选取 ZQT-10-01 桩进行桩体水平位移计算,计算中相关参数值如表 4-1 所示。

表 4-1 桩体变形计算中各相关参数

| 主动土压力计算宽度/m | 土反力计算宽度/m | $m/(\text{kN} \cdot \text{m}^{-4})$ | 桩体直径/mm | 桩间距/mm | 桩体刚度 $EI/(\text{kN} \cdot \text{m}^2)$ |
|---|---|---|---|---|---|
| 1.6 | 2.07 | $1.29 \times 10^4$ | 1200 | 1600 | $3.05 \times 10^6$ |

作用在桩体上的土压力按朗肯主动土压力理论方法进行计算,计算公式如下:

$$q_a = \gamma z K_a - 2c\sqrt{K_a} \tag{4-27}$$

式中:$\gamma$ 为土体重度,$\text{kN/m}^3$;$z$ 为计算点距地表的深度,m;$K_a$ 为主动土压力系数,$K_a = \tan^2(45° - \varphi/2)$,$\varphi$ 为土体内摩擦角,(°);$c$ 为土体黏聚力,kPa。

周围环境中交通车辆的动荷载、高层建筑物荷载以及施工过程中建筑材料的堆载与施工机械荷载等也会对基坑支护结构稳定性有影响,也应当考虑在内,计算过程中可取地面超载 $q = 20\text{kPa}$。计算所得 ZQT-10-01 桩体所受主动土压力分布如图 4-19 所示。

开挖面以上的桩体,采用分段分层坐标法,在地层分界点、支撑作用点进行分层,沿深度方向将桩体划分为 7 个弹性桩单元,开挖面以下的桩体视为 Winkler 地基梁。计算模型如图 4-20 所示。

求解出的 ZQT-10-01 桩体水平位移值如图 4-21 所示。

2)桩体水平位移曲线拟合

ZQT-10-01 桩体水平位移大致符合抛物线型变形,故按二次函数拟合桩体变形,其拟合式为

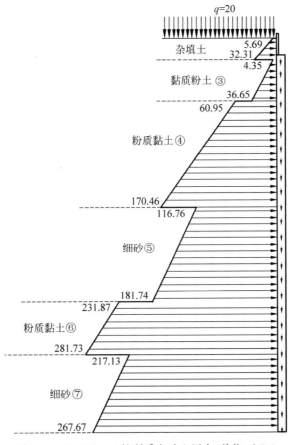

图 4-19　ZQT-10-01 桩所受主动土压力(单位:kPa)

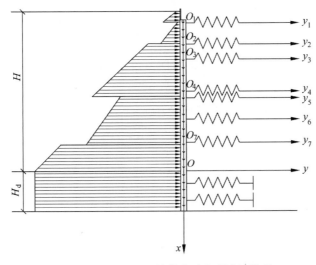

图 4-20　ZQT-10-01 桩体水平变形计算模型

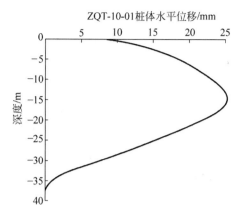

图 4-21　ZQT-10-01 桩体水平位移计算值

$$f(z) = az^2 + bz + c \tag{4-28}$$

式中：$f(z)$ 为桩体水平位移，mm；$a$、$b$、$c$ 为待定系数；$z$ 为计算点深度，m。

由计算结果可知：桩顶水平位移为 8.56mm，桩体最大水平位移位于 15m 深度处，最大桩体水平位移为 25.86mm，根据 4.1.2 节分析可求解出桩体水平位移拟合曲线中参数 $a$、$b$、$c$ 的值。

$$\begin{cases} a = -0.06 \\ b = 2.04 \\ c = 8.56 \end{cases}$$

故 ZQT-10-01 桩体水平位移拟合曲线为

$$f(z) = -0.06z^2 + 2.04z + 8.56$$

3）桩体水平变形体积

采用土的抗剪强度相等的等代法将黏性土等代为无黏性土，计算公式为

$$\varphi_{\mathrm{d}} = \arctan\left(\tan\varphi + \frac{c}{\gamma h}\right) \tag{4-29}$$

式中：$\varphi_{\mathrm{d}}$ 为等效内摩擦角，(°)；$\varphi$ 为土体内摩擦角，(°)；$c$ 为土体黏聚力，kPa；$\gamma$ 为土体重度，kN/m$^3$；$h$ 为土层厚度，m。

各黏性土等代为无黏性土后的等效内摩擦角如表 4-2 所示。

表 4-2　各黏性土等效内摩擦角值

| 土层 | 粉质黏土③ | 粉质黏土④ | 粉质黏土⑥ |
|---|---|---|---|
| 等效摩擦角/(°) | 33 | 18 | 27 |

土层内摩擦角按各土层厚度求取加权平均值，计算公式如下

$$\varphi_{\mathrm{p}} = \frac{\sum\limits_{i=1}^{n} \varphi_{\mathrm{d}i} h_i}{\sum\limits_{i=1}^{n} h_i} \tag{4-30}$$

式中：$\varphi_p$ 为加权平均内摩擦角，(°)；$\varphi_{di}$ 为第 $i$ 层土的等效内摩擦角，(°)；$h_i$ 为第 $i$ 层土的厚度，m；$n$ 为土层数。

根据式(4-30)求得桩长深度范围内所有土层的加权平均内摩擦角 $\varphi_p$ 为 25°。

根据式(2-24)可求得空间效应范围 $b$ 为 46m。

根据式(2-26)可求得基坑长边上空间效应变形系数 $k$ 值，其计算公式如下：

$$k = \begin{cases} 1 - \dfrac{94.13}{0.32x^{2.5} + 94.13} & (0 \leqslant x < 46) \\ 1 & (46 \leqslant x \leqslant 95.6) \end{cases} \tag{4-31}$$

分段计算桩体水平变形体积如下。

根据式(4-15)可求得空间效应影响段桩体水平变形体积 $V_1$（$m^3$）

$$V_1 = \left[ 2\int_0^{46}\int_0^{37.45} (-0.06z^2 + 2.04z + 8.56) \times \left(1 - \frac{94.13}{0.32x^{2.5} + 94.13}\right) dz\,dx \right] = 3.76$$

根据式(4-16)可求得未受空间效应影响段桩体水平变形体积 $V_2$（$m^3$）

$$V_2 = (191.2 - 2 \times 46)\int_0^{37.45} (-0.06z^2 + 2.04z + 8.56)dz$$
$$= 5.52$$

则桩体水平变形体积 $V_桩$：

$$V_桩 = V_1 + V_2 = 9.28m^3$$

4）地表沉降体积

根据式(4-18)可求得地表横向沉降范围 $x_0$ 为 47.72m。

根据式(4-19)可求得地表纵向沉降范围 $y_0$ 为 286.64m。

根据式(4-21)～式(4-23)可求得地表沉降盆的计算影响半径 $\gamma$ 为 36m。

根据式(4-26)可求得地表沉降体积 $V_{地表}$（$m^3$）

$$V_{地表} = 2\int_0^{47.72}\int_0^{143.32} \delta_{max}\exp\left(-\pi\frac{x^2}{37^2}\right) \cdot$$

$$\left\{ 1 - \frac{1}{2}\text{erfc}\frac{2.8\left[y + 191.2 \times \left(0.015 + 0.035\ln\frac{29.45}{191.2}\right)\right]}{0.5 \times 191.2 - 191.2 \times \left(0.015 + 0.035\ln\frac{29.45}{191.2}\right)} \right\} dx\,dy = 0.42\delta_{maxy}$$

5）地表沉降值

根据围护墙侧向变形的体积等于地表沉降槽的体积这个基本假设，联立桩体变形体积 $V_桩$ 和地表沉降体积 $V_{地表}$ 求解出地表最大沉降 $\delta_{maxy} = 22.09mm$。

求解出 $\delta_{maxy}$ 后，可根据式(4-25)求解出任意位置处地表沉降值。

**2. 地表沉降计算值和实测值对比分析**

根据 4.2.3 节进行地表沉降计算，基坑长边一半的地表沉降计算值如图 4-22 所示。

选取部分地表沉降计算值和实测值进行对比分析，对比结果如表 4-3 所示。

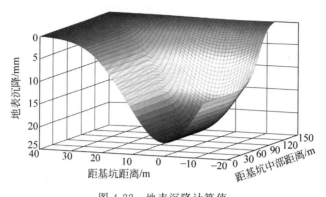

图 4-22  地表沉降计算值

**表 4-3  地表沉降计算值与实测值对比**  mm

| 测点 | DB-04-01 | DB-06-01 | DB-08-01 | DB-10-01 | DB-04-02 | DB-06-02 | DB-08-02 | DB-10-02 |
|------|----------|----------|----------|----------|----------|----------|----------|----------|
| $\delta_x$ 计算值 | 4.21 | 11.24 | 15.36 | 18.64 | 3.87 | 10.64 | 14.85 | 16.38 |
| $\delta_x$ 实测值 | 6.09 | 9.54 | 13.88 | 19.23 | 5.32 | 8.35 | 12.76 | 17.54 |
| 误差 | 1.88 | 1.7 | 1.48 | 0.59 | 1.45 | 2.29 | 2.09 | 1.16 |

由表 4-3 可知,地表沉降计算值与实测值相差较小,较为吻合,采用本书提供的地表沉降预测计算理论能够有效精确地进行基坑开挖周边地表沉降的预测分析。

# 第 **5** 章

# 地表附加应力对深基坑支护结构
# 受力变形的影响

## 5.1 深基坑支护结构受力变形模型试验研究

### 5.1.1 模型试验简述

#### 1. 工程原型

北京地铁 6 号线西延段田一区间轨排井深基坑工程,位于 6 号线一期五路居站西侧附近。基坑形状为矩形,长 32.4m,宽 21.4m,深 27.723m。该基坑周围有住宅小区、汽车维修店和污水管线、马路等,其周围环境如图 5-1 所示。

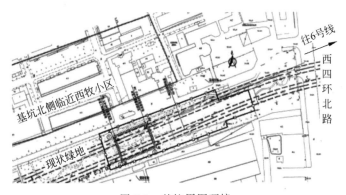

图 5-1 基坑周围环境

#### 2. 工程水文地质与试验土体

施工场地内地面以下 63m 内分别为人工堆积层、新近沉积层、一般第四纪沉积层及二叠系基岩四大层,主要为砂石地层。本次模型试验采用的模型土为本工程施工现场取得后经过土工过滤筛筛选得到的砂土。按照每层虚铺 150mm 在模型箱内填充土体。开始模型试验前,通过土工试验测定土体含水率,计算控制含水率为 10% 需要用水量,并用于试验,总体依据为"计算用水量实测含水率重新加水或适当晾晒后测含水率再加水控制"。将模型土分层回填并用木夯夯实时,考虑土工试验测出模型试验土体承载力、模型箱孔隙压力测定、土体沉降测定及计算分析将相对夯实度控制为 0.8。于模型箱内土体及测试桩体两者的预定位置分别进行土压力盒埋设和应变片的粘贴。模型试验土体分层夯实后,基于模型箱中孔隙水压力测试系统,测得试验土体的孔隙水压数值,同时,在土面四角和中间选择 5 个点监测其高程。对于孔隙水压值及高程,每天监测 2 次,第 5 天后每天监测 1 次。孔隙水压值与高程变化分析结果表明:第 10 天时孔隙水压值与土体高程无变化,认为土体固结近似完成。取箱内填土做土工试验,得到模型土体的基本物理参数如表 5-1 所示。

表 5-1　模型土体物理力学参数

| 密度 $\rho/(\mathrm{g \cdot cm^{-3}})$ | 内摩擦角 $\varphi/(°)$ | 黏聚力 $c/\mathrm{kPa}$ | 孔隙率 $n$ | 泊松比 $\mu$ | 地基承载力 $f_{ak}/\mathrm{kPa}$ |
| --- | --- | --- | --- | --- | --- |
| 1.5 | 29 | 0 | 0.4 | 0.28 | 220 |

### 3. 深基坑支护与监测方案

基坑采用明挖法施工,围护结构为直径 1m、间距为 1.5m、嵌固深度为 7m 钻孔灌注桩＋锚索,围护桩间隙采用 100mm 厚 C20 网喷混凝土,钢筋网网格 150mm×150mm,采用 $\phi 8$ 钢筋。钢腰梁为双拼 I45C 工字钢,基坑自上而下共设有 7 道锚索和腰梁。桩顶冠梁截面尺寸为 1000mm×800mm,冠梁施工以后在其上施做护墙和安全护栏。轨排井主体结构为三跨三层结构,侧墙、顶板、底板厚度为 800mm,中楼板厚 400mm。将《城市轨道交通工程测量规范》(GB/T 50308—2017)与轨排井深基坑施工工况相结合并在深基坑平面上的基坑四边中点布置 4 个监测点,如图 5-2 所示。

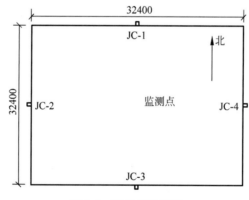

图 5-2　测点布置平面

### 4. 相似比推导

本次试验基于矩阵法采用以下步骤推求相似准则。

第 1 步:罗列影响地表附加应力对支护结构受力变形的主要参数,如表 5-2 所示。

表 5-2　主要影响参数

| 编号 | 符号 | 意　义 | 量　纲 |
| --- | --- | --- | --- |
| 1 | $G$ | 附加应力 | $[\mathrm{ML^{-1}T^{-2}}]$ |
| 2 | $k$ | 嵌固深度比 | — |
| 3 | $D$ | 附加应力与桩体距离 | $[\mathrm{L}]$ |
| 4 | $\gamma$ | 土的容重 | $[\mathrm{ML^{-2}T^{-2}}]$ |

续表

| 编号 | 符号 | 意　义 | 量　纲 |
|---|---|---|---|
| 5 | $c$ | 土的黏聚力 | $[ML^{-1}T^{-2}]$ |
| 6 | $\varphi$ | 土的内摩擦角 | — |
| 7 | $\mu_1$ | 土的泊松比 | — |
| 8 | $K$ | 土的变形模量 | $[ML^{-1}T^{-2}]$ |
| 9 | $p$ | 桩土水平作用力 | $[ML^{-1}T^{-2}]$ |
| 10 | $E$ | 桩体弹性模量 | $[ML^{-1}T^{-2}]$ |
| 11 | $\mu_2$ | 桩体泊松比 | — |
| 12 | $\sigma$ | 桩体应力 | $[ML^{-1}T^{-2}]$ |
| 13 | $u$ | 桩顶水平位移 | $[L]$ |
| 14 | $S$ | 状体垂直位移 | $[L]$ |
| 15 | $L$ | 基坑几何尺寸 | $[L]$ |

第2步：列出各参数间的代数方程式和函数表达式：$C_k = C_\varphi = C_{\mu_1} = C_{\mu_2} = 1$，$\varphi(G, D, c, p, E, \sigma, u, S, \gamma, K, L) = 0$；写出 $\pi$ 项式：$\pi = G^a D^b c^c p^d E^e \sigma^f u^g S^h \gamma^i K^j L^k$。

第3步：列参数因次量表，如表5-3所示。

表5-3　参数因次量表 I

|  | a | b | c | d | e | f | g | h | i | j | k |
|---|---|---|---|---|---|---|---|---|---|---|---|
|  | $G$ | $D$ | $c$ | $p$ | $E$ | $\sigma$ | $u$ | $S$ | $\gamma$ | $K$ | $L$ |
| L | $-1$ | 1 | $-1$ | $-1$ | $-1$ | $-1$ | 1 | 1 | $-2$ | $-1$ | 1 |
| T | $-2$ | 0 | $-2$ | $-2$ | $-2$ | $-2$ | 0 | 0 | $-2$ | $-2$ | 0 |
| M | 1 | 0 | 1 | 1 | 1 | 1 | 0 | 0 | 1 | 1 | 0 |

第4步：列参数指数矩阵表，如表5-4所示。

表5-4　参数指数矩阵表

|  | a | b | c | d | e | f | g | h | i | j | k |
|---|---|---|---|---|---|---|---|---|---|---|---|
|  | $G$ | $D$ | $c$ | $p$ | $E$ | $\sigma$ | $u$ | $S$ | $\gamma$ | $K$ | $L$ |
| $\pi_1$ | 1 | 0 | 0 | 0 | 0 | 0 | 0 | 0 | 0 | $-1$ | 0 |
| $\pi_2$ | 0 | 1 | 0 | 0 | 0 | 0 | 0 | 0 | 0 | 0 | $-1$ |
| $\pi_3$ | 0 | 0 | 1 | 0 | 0 | 0 | 0 | 0 | $-1$ | 0 | $-1$ |
| $\pi_4$ | 0 | 0 | 0 | 1 | 0 | 0 | 0 | 0 | $-1$ | 0 | $-1$ |
| $\pi_5$ | 0 | 0 | 0 | 0 | 1 | 0 | 0 | 0 | $-1$ | 0 | $-1$ |
| $\pi_6$ | 0 | 0 | 0 | 0 | 0 | 1 | 0 | 0 | $-1$ | 0 | $-1$ |
| $\pi_7$ | 0 | 0 | 0 | 0 | 0 | 0 | 1 | 0 | 0 | 0 | $-1$ |
| $\pi_8$ | 0 | 0 | 0 | 0 | 0 | 0 | 0 | 1 | 0 | 0 | $-1$ |

第5步：按参数指数矩阵表写出准则，求得以下8个准则及准则方程

$\pi_1 = \dfrac{G}{K}$；$\pi_2 = \dfrac{D\gamma}{K}$；$\pi_3 = \dfrac{c}{\gamma L}$；$\pi_4 = \dfrac{p}{\gamma L}$；$\pi_5 = \dfrac{E}{\gamma L}$；$\pi_6 = \dfrac{\sigma}{\gamma L}$；$\pi_7 = \dfrac{u}{L}$；$\pi_8 = \dfrac{S}{L}$。准则方程

为：$\pi = \varphi\left(\dfrac{G}{K}, \dfrac{D\gamma}{K}, \dfrac{c}{\gamma L}, \dfrac{p}{\gamma L}, \dfrac{E}{\gamma L}, \dfrac{\sigma}{\gamma L}, \dfrac{u}{L}, \dfrac{S}{L}\right) = 0$。

第 6 步：确定几何相似比和容重相似比。现场基坑长 32400mm、宽 21400mm、深 27723mm,试验模拟系统长 2300mm、宽 2300mm、深 2000mm,故本模型试验采用 1∶30 的几何相似比。由地勘报告可知,现场土质的容重为 17.15～21.56kN/m³,根据以往实验室采用的相似材料,其容重为 11.12～15.67kN/m³,综合考虑,本模型试验采用 1∶15 的容重相似比,即

$$C_L = 30, \quad C_\gamma = 1.5$$

第 7 步：确定模型试验相似比,期间考虑以上求出的结构自重等因素。

由准则 $\pi_4 = \dfrac{p}{\gamma L}$ 可得

$$\frac{p}{\gamma L} = \frac{p'}{\gamma' L'}$$

即

$$\frac{C_p}{C_\gamma C_L} = 1$$

将 $C_L = 30, C_\gamma = 1.5$ 代入,可得 $C_p = C_\gamma C_L = 1.5 \times 30 = 45$;

由准则 $\pi_2 = \dfrac{D\gamma}{K}$ 可得

$$\frac{D\gamma}{K} = \frac{D'\gamma'}{K'}$$

即 $\dfrac{C_D C_\gamma}{C_K} = 1$,进一步可得

$$C_K = C_D C_L = 45$$

由准则 $\pi_1 = \dfrac{G}{K}$ 可得 $\dfrac{G}{K} = \dfrac{G'}{K'}$,即 $\dfrac{C_G}{C_K} = 1$,进一步可得 $C_G = C_K = 45$;

由准则 $\pi_3 = \dfrac{c}{\gamma L}$ 可得 $\dfrac{c}{\gamma L} = \dfrac{c'}{\gamma' L'}$,即 $\dfrac{C_c}{C_\gamma C_L} = 1$,进一步可得 $C_c = C_\gamma C_L = 1.5 \times 30 = 45$;

由准则 $\pi_5 = \dfrac{E}{\gamma L}$ 可得 $\dfrac{E}{\gamma L} = \dfrac{E'}{\gamma' L'}$,即 $\dfrac{C_E}{C_\gamma C_L} = 1$,进一步可得 $C_E = C_\gamma C_L = 1.5 \times 30 = 45$;

由准则 $\pi_6 = \dfrac{\sigma}{\gamma L}$ 可得 $\dfrac{\sigma}{\gamma L} = \dfrac{\sigma'}{\gamma' L'}$,即 $\dfrac{C_\sigma}{C_\gamma C_L} = 1$,进一步可得 $C_\sigma = C_\gamma C_L = 1.5 \times 30 = 45$;

由准则 $\pi_7 = \dfrac{u}{L}$ 可得 $\dfrac{u}{L} = \dfrac{u'}{L'}$,即 $\dfrac{C_u}{C_L} = 1$,可得 $C_u = C_L = 30$;

由准则 $\pi_8 = \dfrac{S}{L}$ 可得 $\dfrac{S}{L} = \dfrac{S'}{L'}$,即 $\dfrac{C_S}{C_L} = 1$,进一步可得 $C_S = C_L = 30$。

## 5.1.2　模型试验方案实施

模型试验方案中考虑有无地表竖向荷载 2 种情况,通过地表竖向应力大小、桩体嵌固深度比和力-桩距离(地表荷载与桩体之间的距离)三因素变化,运用正交试验分析三因素对基坑支护结构变形的影响。根据《建筑结构荷载规范》(GB 50009—2012),计算现场周围建筑结构的自重大概为 145kN/m²,距离基坑边缘为 15m。根据前一节中推导出的附加应力相

似比 $C_G=45$ 及模型试验中采用的配重块加载方式,合理安排质量为 7.61kg 的配重块数量,采用多个配重块进行加载以满足试验要求。模型方案如表 5-5 所示,而后叙述试验步骤。

表 5-5　正交试验

| 试验编号 | 竖向应力/kPa | 力-桩距离/m | 插入深度比 |
| --- | --- | --- | --- |
| 1 | 3.2 | 0.33 | 0.2 |
| 2 | 3.2 | 0.50 | 0.3 |
| 3 | 3.2 | 0.67 | 0.4 |
| 4 | 3.6 | 0.33 | 0.3 |
| 5 | 3.6 | 0.50 | 0.4 |
| 6 | 3.6 | 0.67 | 0.2 |
| 7 | 4.0 | 0.33 | 0.4 |
| 8 | 4.0 | 0.50 | 0.2 |
| 9 | 4.0 | 0.67 | 0.3 |

试验 1:土体开挖前,在桩体后 0.33m 处,配置 4 块配重块,使附加应力达到 3.2kPa。待各测试仪器件采集完初始值,开始第一次开挖至 110mm,采集数据至数据不再变化时,进行下步开挖直至开挖到 800mm,每开挖一步采集一次数据。

试验 2:土体开挖前,在桩体后 0.5m 处,配置 4 块配重块,使附加应力达到 3.2kPa。待各测试仪器件采集完初始值,开始第一次开挖至 110mm,采集数据至数据不再变化时,进行下步开挖直至开挖到 750mm,每开挖一步采集一次数据。

试验 3:土体开挖前,在桩体后 0.67m 处,配置 4 块配重块,使附加应力达到 3.2kPa。待各测试仪器件采集完初始值,开始第一次开挖至 110mm,采集数据至数据不再变化时,进行下步开挖直至开挖到 700mm,每开挖一步采集一次数据。

试验 4:土体开挖前,在桩体后 0.33m 处,配置 4.5 块配重块,使附加应力达到 3.6kPa。待各测试仪器件采集完初始值,开始第一次开挖至 110mm,采集数据至数据不再变化时,进行下步开挖直至开挖到 750mm,每开挖一步采集一次数据。

试验 5:土体开挖前,在桩体后 0.5m 处,配置 4.5 块配重块,使附加应力达到 3.6kPa。待各测试仪器件采集完初始值,开始第一次开挖至 110mm,采集数据至数据不再变化时,进行下步开挖直至开挖到 700mm,每开挖一步采集一次数据。

试验 6:土体开挖前,在桩体后 0.67m 处,配置 4.5 块配重块,使附加应力达到 3.6kPa。待各测试仪器件采集完初始值,开始第一次开挖至 110mm,采集数据至数据不再变化时,进行下步开挖直至开挖到 800mm,每开挖一步采集一次数据。

试验 7:土体开挖前,在桩体后 0.33m 处,配置 5 块配重块,使附加应力达到 4.0kPa。待各测试仪器件采集完初始值,开始第一次开挖至 110mm,采集数据至数据不再变化时,进行下步开挖直至开挖到 700mm,每开挖一步采集一次数据。

试验 8:土体开挖前,在桩体后 0.5m 处,配置 5 块配重块,使附加应力达到 4.0kPa。待各测试仪器件采集完初始值,开始第一次开挖至 110mm,采集数据至数据不再变化时,进行下步开挖直至开挖到 800mm,每开挖一步采集一次数据。

试验 9:土体开挖前,在桩体后 0.67m 处,配置 5 块配重块,使附加应力达到 4.0kPa。

待各测试仪器件采集完初始值,开始第一次开挖至110mm,采集数据至数据不再变化时,进行下步开挖直至开挖到750mm,每开挖一步采集一次数据。

### 5.1.3 支护桩体变形试验结果分析

试验采用电阻应变片,其电阻值为$(120\pm0.2)\Omega$,灵敏系数为$2.06(1\pm1\%)$;通过电阻位移传感器测试了桩顶水平位移与竖向位移,其最小分辨系数为0.003mm,试验布置如图5-3所示。

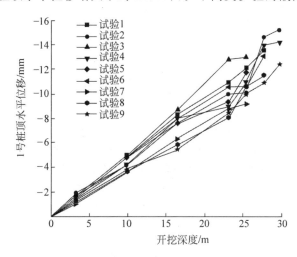

图5-3 位移计布置

**1. 桩顶水平位移**

本次试验模拟不同荷载、嵌固深度比、力-桩距离情况下,基坑开挖对基坑支护桩的影响,根据试验监测数据绘制桩顶水平位移随基坑开挖的变化曲线,如图5-4所示。基坑土体开挖过程破坏了土体平衡,基坑内侧土压力减小,桩体在基坑内外侧不平衡力作用下发生变形。从图5-4可以看出,地表有竖向荷载时,桩顶水平位移变化较大,与竖向应力为3.2kPa时相对应的桩顶水平位移比较,竖向应力3.6kPa时,桩顶水平位移增大约19.10%,而竖向应力为4.0kPa时,桩顶水平位移增大了约26.17%。不同支护桩的嵌固深度对桩顶水平位

图5-4 桩顶水平位移

移有较大的影响,嵌固深度越深桩顶水平位移越小,但嵌固深度比 0.3 与 0.4 时,桩顶最大水平位移变化不大,说明支护桩嵌固深度并非越深越好,故工程现场应结合实际情况选择合理的嵌固深度。

通过正交试验方法分析,得出 3 个影响因素对桩顶水平位移影响程度,以模型 1 号桩为例,对表 5-5 中 9 组模型试验结果进行正交分析,结果如表 5-6 所示。

表 5-6　桩顶水平位移结果分析

| 因素 | $G/\mathrm{kPa}$ | $d/\mathrm{mm}$ | $D/\mathrm{m}$ | $d/\mathrm{mm}$ | $k$ | $d/\mathrm{mm}$ |
|---|---|---|---|---|---|---|
| $K_{1i}$ | 3.2 | $-11.03$ | 0.33 | $-12.96$ | 0.2 | $-13.94$ |
| $K_{2i}$ | 3.6 | $-13.14$ | 0.50 | $-12.82$ | 0.3 | $-12.84$ |
| $K_{3i}$ | 4.0 | $-13.92$ | 0.67 | $-12.31$ | 0.4 | $-11.31$ |
| $R$ | | 2.89 | | 0.65 | | 2.63 |

注:表中 $G$ 为附加应力;$d$ 为沉降;$D$ 为力-桩距离;$k$ 为嵌固深度比。$K_{11}$ 为附加应力为 145kPa 在 3 种不同力-桩距离、3 种不同插入比(嵌固深度)下的桩顶沉降平均值;$K_{12}$ 为力-桩距离为 10m 在 3 种不同附加应力、3 种不同插入比(嵌固深度)下的桩顶沉降平均值;$K_{13}$ 为插入比为 0.2(嵌固深度 5m)在 3 种不同附加应力、3 种力-桩距离下的桩顶沉降平均值;$R = K_{i\max} - K_{i\min}$;其他 $K_{2i}$、$K_{3i}$ 与 $K_{1i}$ 相同。

通过正交分析表 5-6 中的 $R$ 值可以得知,对桩顶水平位移影响大小依次为:竖向应力、嵌固深度比、力-桩距离。其中竖向应力影响最大的原因是:竖向应力增大引起作用在支护桩上的附加水平应力变大,桩顶变形增大。在正交分析得到"基坑开挖过程中竖向应力对桩体的变形影响最大"的基础上,进行地表竖向应力按 10kPa 等级递增的模型试验,详细分析竖向应力对桩顶水平位移的影响,其结果如图 5-5 所示。

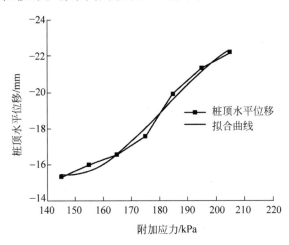

图 5-5　不同地表竖向应力作用下桩顶水平位移变化

由图 5-5 可知,地表竖向应力按 10kPa 等级递增变化时,桩顶水平位移呈递增趋势,平均增长率为 6.07%。随着压力值增大,桩顶水平位移变化大致分为以下 3 个阶段:

(1) 初始增长阶段,地表竖向应力相对较小,水平位移变化曲线相对比较平缓,最大值约为 $-16.00$mm;

(2) 快速增长阶段,竖向压力从 160kPa 增至大约地基承载力特征值,桩顶水平位移增长较快,最大值约为 $-22.00$mm;

（3）缓慢增长阶段，此阶段随着压力的增大，桩顶水平位移增加缓慢，主要是由于地表竖向应力接近地基承载力特征值，作用在桩体上的压力增大不明显，桩顶水平位移最大值约为$-23.00$mm。

对数据进行拟合可以得到如下公式：

$$y = y_0 + \left( \dfrac{A}{\omega \sqrt{\dfrac{\pi}{2}}} \right) e^{-2\left( \frac{x - x_c}{\omega} \right)^2}$$ （5-1）

式中：$y_0 = -23.94$；$x_c = 148.00$；$\omega = 62.96$；$A = 671.78$。

该公式拟合度 0.98，具有较高的准确度，并且是一个以指数函数为基础的增函数，其变化规律符合"桩顶水平位移随着附加应力的增大而增大"的趋势，具有工程适用性和合理性。将现场工况 145kPa 代入公式，得到桩顶水平位移为$-15.51$mm，相比数值模拟值为$-15.29$mm 计算值增大了 1.44%$\leqslant$5%，符合误差要求。

**2. 桩顶竖向位移**

随着基坑土体开挖，土体失去平衡，基坑底部土体向上回弹，土拱效应和支护桩体的自重压力影响下，基坑四边土体向下沉降、支护结构向下沉降，桩顶竖向位移变化曲线如图 5-6 所示。

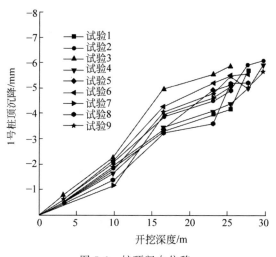

图 5-6  桩顶竖向位移

从图 5-6 可以看出，桩顶沉降随基坑开挖加深不断增加，大体上呈直线形式变化。图中个别点不完全遵循以上直线形变化，可能是开挖过程中土体受到的扰动过大所致。各组试验基坑开挖完成后：桩顶沉降数值几乎不发生改变；桩顶竖向位移最大值为$-6.09$mm，最小值为$-5.09$mm，表明不同地表竖向应力和嵌固深度对桩顶竖向位移影响不大。

**3. 桩体弯矩**

随着基坑开挖，桩后土压力不断变化，桩体弯矩也随之变化。当基坑开挖深度较浅时，桩体弯矩出现 2 个反弯点，随基坑开挖深度加大，2 个反弯点位置向下移动。继续开挖到一定深度时，第 2 个反弯点消失。总体来说，桩体弯矩呈现 S 形曲线，桩体弯矩的变化曲线反映出桩体的变化形态,如图 5-7 所示。

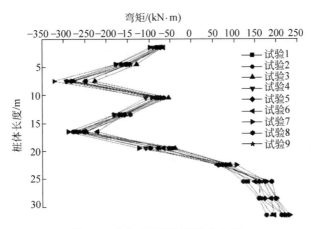

图 5-7　桩体弯矩随深度变化曲线

由图 5-7 可知:第一道横向支撑处即大约位于桩体顶部以下 1/3 桩体高度处,弯矩出现一个极大值,表明横向支撑效果显著;桩体另外一个弯矩极大值位于坑底下 2m 附近;桩后施加竖向压力越大,桩体的弯矩也越大,但其增幅小于规范计算值。

# 5.2　地表附加应力对深基坑支护结构受力变形数值计算

## 5.2.1　深基坑支护结构计算模型

### 1. 本构模型的选择

数值模拟土体单元选用 Mohr-Coulomb 本构模型,Mohr-Coulomb 模型适用于在剪应力下屈服,且剪应力只由 $\sigma_1$ 和 $\sigma_3$ 决定其大小,而屈服不受 $\sigma_2$ 影响的材料,如普通土壤和岩石的力学行为等。建立 Mohr-Coulomb 模型时需要的参数主要包括:$\rho$、$E$、$\nu$、$K$、$G$、$c$ 和 $\varphi$ 等,一般假定土体膨胀角和抗拉强度都设置为 0,其中体积模量 $K$ 和切变模量 $G$ 可以通过弹性模量 $E$ 获取,即 $K=\dfrac{E}{3(1-2\nu)}$,$G=\dfrac{E}{2(1+\nu)}$。本模型中选取主要的 5 层土体,土体参数如表 5-7 所示。

表 5-7　土体物理力学参数

| 土层 | 重度 $\gamma$ /(kN·m$^{-3}$) | 黏聚力 /kPa | 内摩擦角 /(°) | 泊松比 | 弹性模量 /MPa | 体积模量 /MPa | 剪切模量 /MPa |
|---|---|---|---|---|---|---|---|
| 杂填土 | 17.64 | 0 | 8 | 0.33 | 14.5 | 14.22 | 5.45 |
| 砂卵石 5 | 21.56 | 0 | 43 | 0.23 | 64.6 | 39.87 | 26.26 |
| 砂卵石 7 | 21.56 | 0 | 45 | 0.23 | 75 | 46.30 | 30.49 |
| 砂卵石 9 | 21.56 | 0 | 45 | 0.22 | 90 | 53.57 | 36.89 |
| 砂卵石 11 | 21.56 | 0 | 45 | 0.20 | 120 | 66.67 | 50 |

**2. 围护桩体的模拟**

在 FLAC³ᴰ 中,可以应用两种单元体模拟围护桩:结构单元和实体单元。结构单元是由几何参数、材料参数和耦合弹簧参数来定义的,每一个桩单元体是用一条直线段和两个节点组成,并且每个节点具有 6 个自由度,两个节点之间的桩单元构件具有相同的对称横截面参数。任意曲线的桩则有许多构件组合而成。桩与实体单元之间的相互作用是通过耦合弹簧来实现的。耦合弹簧为非线性、可滑动的连接体,能够在桩体节点和实体单元之间传递力和弯矩。切向弹簧的作用同灌浆锚杆的切向作用机理是相同的。法向弹簧可以模拟法向荷载的作用以及桩体与实体单元节点之间缝隙的形成,还可以模拟桩周土对桩体的挤压作用。每个梁结构单元可以通过 10 个参数来定义:密度、弹性模量、泊松比、塑性矩、热膨胀系数、截面面积、关于梁结构 $y$ 轴的二次矩、关于梁结构 $z$ 轴的二次矩、极惯性矩和矢量 $\mathbf{Y}$,其中前面 5 个参数描述材料特性,后面 5 个参数描述梁结构横截面几何特性,围护桩参数值如表 5-8 所示。耦合弹簧参数如表 5-9 所示。

表 5-8　围护桩参数

| 构件 | 重度 $\gamma$ /(kN·m⁻³) | 弹性模量 /GPa | 泊松比 | 桩的横截面面积 /m² | $y$ 轴二次矩 /m⁴ | $z$ 轴二次矩 /m⁴ | 极惯性矩 /m⁴ |
|---|---|---|---|---|---|---|---|
| 围护桩 | 24.5 | 25.5 | 0.2 | 0.785 | 0.049 | 0.049 | 0.098 |

表 5-9　耦合弹簧参数

| 参量 | $c_n$/kPa | $\varphi_n$/(°) | $k_n$/(N·m⁻¹) | $c_s$/kPa | $\varphi_s$/(°) | $k_s$/(N·m⁻¹) |
|---|---|---|---|---|---|---|
| 参数 | $10\times10^3$ | 0 | $3.19\times10^9$ | $10\times10^3$ | 15 | $3.19\times10^{11}$ |

注:$c_n$ 为法向耦合弹簧单位长度上的内聚力;$\varphi_n$ 为法向耦合弹簧的摩擦角;$k_n$ 为法向耦合弹簧单位长度上的刚度;$c_s$ 为剪切耦合弹簧单位长度上的内聚力;$\varphi_s$ 为剪切耦合弹簧的摩擦角;$k_s$ 为剪切耦合弹簧单位长度上的刚度。

**3. 锚索的模拟**

在低集中应力的坚硬岩石中,破坏形式大多为局部破坏,多为相互楔紧的岩体松动和开裂。锚索能够借助水泥浆与岩石接触时产生的黏聚力和摩擦提供的抗剪力来形成局部阻力以抵抗岩块裂缝的位移。在本次模拟时不考虑锚索挠度的变形。锚索结构单元一般由几何参数、材料参数和水泥浆的特性三方面来定义。锚索结构的构件和桩结构单元构件一样都有自己的相对坐标,不过锚索构件只有两个自由度。在 FLAC³ᴰ 中定义锚索一般通过以下参数:长度、弹性模量、单位长度上水泥浆的黏结力、水泥浆外圈周长、单位长度上水泥浆刚度、横截面面积和抗拉强度,锚索材料参数如表 5-10 所示。

表 5-10　锚索材料参数

| 锚索道数 | 长度 /m | 弹性模量 /GPa | 单位长度上水泥浆的黏结力/(N·m⁻¹) | 抗拉强度 /N | 横截面面积/m² | 水泥浆外圈周长/m | 单位长度上水泥浆刚度/(N·m⁻²) |
|---|---|---|---|---|---|---|---|
| 1 | 18.5 | 200 | $1\times10^{10}$ | $4\times10^8$ | $5\times10^{-4}$ | 0.45 | $1\times10^9$ |
| 2 | 18.0 | 200 | $1\times10^{10}$ | $4\times10^8$ | $5\times10^{-4}$ | 0.45 | $1\times10^9$ |

| 锚索道数 | 长度/m | 弹性模量/GPa | 单位长度上水泥浆的黏结力/(N·m$^{-1}$) | 抗拉强度/N | 横截面面积/m$^2$ | 水泥浆外围周长/m | 单位长度上水泥浆刚度/(N·m$^{-2}$) |
|---|---|---|---|---|---|---|---|
| 3 | 17.5 | 200 | $1×10^{10}$ | $4×10^8$ | $5×10^{-4}$ | 0.45 | $1×10^9$ |
| 4 | 18.0 | 200 | $1×10^{10}$ | $4×10^8$ | $5×10^{-4}$ | 0.45 | $1×10^9$ |
| 5 | 18.0 | 200 | $1×10^{10}$ | $4×10^8$ | $5×10^{-4}$ | 0.45 | $1×10^9$ |
| 6 | 17.5 | 200 | $1×10^{10}$ | $4×10^8$ | $5×10^{-4}$ | 0.45 | $1×10^9$ |
| 7 | 15.0 | 200 | $1×10^{10}$ | $4×10^8$ | $5×10^{-4}$ | 0.45 | $1×10^9$ |

**4. 腰梁的模拟**

为了加固围护结构减小变形,在现场工况中,每隔3m布设一道腰梁,和锚索一样共布置7道,腰梁采用I28b型钢材。数值模拟时,采用梁结构单元模拟腰梁。梁结构一般单元通过几何参数和材料参数来定义,默认每一个梁结构构件都具备各向同性、无屈服的线弹性材料。在模拟梁结构单元时选择的参数为:弹性模量、密度、泊松比、横截面面积、关于梁结构 $y$ 轴的二次矩、关于梁结构 $z$ 轴的惯性矩和极惯性矩,参数如表 5-11 所示。

表 5-11　腰梁材料参数

| 材料 | 弹性模量/GPa | 密度/(kg·m$^{-3}$) | 泊松比 | 横截面面积/m$^2$ | $y$ 轴二次矩/m$^4$ | $z$ 轴二次矩/m$^4$ | 极惯性矩/m$^4$ |
|---|---|---|---|---|---|---|---|
| I28b 型钢 | 25 | 2400 | 0.3 | 0.502 | 0.0803 | 0.0803 | 0.0803 |

## 5.2.2　基坑现场监测

**1. 施工监测目的**

以往的工作经验和理论研究均表明,在进行地下工程施工工程中,地层应力受到扰动发生重新分布,这将导致地表以及周围的建(构)筑物和基坑围护结构产生位移和变形,倘若这种变形超出限制范围则会引起地表大面积沉降和周围建(构)筑物的破坏以及基坑围护结构的坍塌。为了能够做到未雨绸缪,及时了解地下工程施工对周围的影响,在施工工程中进行实时的监控测量是有利的方法。施工现场监测是指导工程施工进度和调整施工短暂方案的有力支撑和依据,也是保证工程有利进行和周围环境安全强有力的保证。

基坑开挖过程中,由于地层土质的变化、荷载条件、施工环境的影响和施工人员等诸多因素,仅仅应用理论知识来预测和处理在工程中遇到的各种问题是不现实的,并且在任何一个实际工程中的条件均不能够满足理论的理想条件。所以,在已有的理论指导下进行实时监控测量显得尤为重要。也只有在基坑施工过程中,对其周围的建(构)筑物、围护结构以及地表进行实时的、科学的、全面系统的监测,才能真正把握施工过程中的瞬息万变。倘若出现工程异常情况也能够迅速反馈并采取积极措施做出施工调整,确保工程的安全。

**2. 施工监测项目及测点位置**

根据《城市轨道交通工程测量规范》[86],再结合轨排井深基坑施工工况,根据施工特点和基坑周围环境条件,本工程主要的监测项目有:基坑围护桩的变形、锚索轴力、地表沉降、污水管线沉降和周围建筑沉降,详细测量项目以及相应规范如表 5-12 所示。

**表 5-12　现场监控量测项目**

| 编号 | 量测项目 | 检测仪器和元件 | 测点布置 | 控制标准 | 量测频率 |
|---|---|---|---|---|---|
| 1 | 地表沉降 | 水准仪 | 见注① | ≤30mm | |
| 2 | 建筑物沉降 | 水准仪 | 见注② | | |
| 3 | 地下管线沉降 | 水准仪 | 见注③ | ≤15mm | |
| 4 | 桩顶竖向位移 | 水准仪 | 见注④ | | 见注⑦ |
| 5 | 桩顶水平位移 | 全站仪 | 见注④ | ≤30mm | |
| 6 | 桩体侧向位移 | 测斜仪 | 见注⑤ | ≤30mm | |
| 7 | 锚索轴力 | 应变计、轴力计、频率接收仪 | 见注⑥ | | |

注:① 在基坑四周距坑边 10m 的范围布设 2 排沉降点,排距 3～8m,点距 5～10m;

② 基坑开挖深度 2 倍的距离范围内,在建筑物的拐角、高低悬殊或新旧建筑物连接处,伸缩缝、沉降缝和不同埋深基础的两侧,每栋建筑物上不宜少于 4 个监测点;

③ 在基坑四周距坑边 10m 的范围内有重要管线时,将道路或地表监测点布设在管线或其对应的地表,排距 3～8m,点距 5～10m;

④ 在基坑短边的中点,基坑阳角处,基坑长边每 20m 设一点;

⑤ 在基坑短边的中点,基坑阳角处,基坑长边每 20m 设一点,与桩顶水平监测宜处于同一断面;

⑥ 竖直间隔 3m 布置一道,共 7 道,水平间距为 1.5m,在基坑四边中点各选 1 处为监测点;

⑦ 量测频率。基坑开挖期间:开挖深度 $h \leqslant 5m$,1 次/3d;开挖深度 $5m < h \leqslant 10m$,1 次/2d;开挖深度 $10m < h \leqslant 15m$,1 次/d;开挖深度 $>15m$,2 次/d。基坑开挖完成:1～7d,1 次/d;7～15d,1 次/2d;15～30d,1 次/3d;30d 以后,1 次/7d。

本工程监控量测平面布置如图 5-8 所示。从图中可以看出桩体变形现场监测点的布置均位于基坑四边的中点位置。

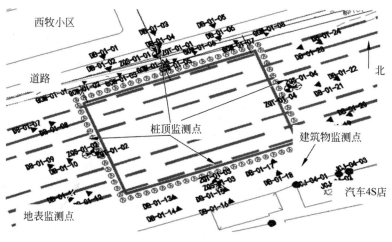

图 5-8　监控测量平面布置

根据本文研究的内容和工程特点,重点分析围护桩桩顶水平位移、桩顶竖向位移和桩体测斜位移,主要监测的围护桩的编号为 ZQT-01-01、ZQS-01-01 和 ZQT-01-02、ZQS-01-02,其中 ZQT-01-01、ZQS-01-01 桩为有附加应力,命名为 1 号桩,ZQT-01-02、ZQS-01-02 桩为没有附加应力,命名为 2 号桩。

**3. 监测方案和原理**

1) 桩顶水平位移和竖向位移

测点位置如图 5-8 所示,监测点均布置在基坑每一条边的中间,监测点可以同时作为水平位移监测点和竖向位移监测点。在布置监测点时,等选定的围护桩强度达到要求后,在其桩顶位置使用冲击钻打一深度约 15cm 的钻孔,把设计好的膨胀螺栓放入孔内,使用水泥浆液将其固定,并对其做好保护措施和明显标记符号。

桩顶竖向位移监测时采用电子水准仪,在基坑开挖前,测点布置好,水泥浆液凝固完全后,通过水准路线测量,由已知基准点得到监测点的绝对高程即监测点的初始值高程 $h_0$,为了保证监测点初始值的精确度,要经过三次测量取其平均值。日常监测时,再通过水准路线测量得到监测点的此时高程 $h_{c1}$,下次测量得到高程 $h_{c2}$,与初始值相比较,求监测点的相对变化量,得出本次测量桩顶竖向累计位移的变化,即 $\Delta h_{c1} = h_{c1} - h_0$,$\Delta h_{c2} = h_{c2} - h_0$,相邻量测的相对变化为 $\Delta h_{c12} = \Delta h_{c2} - \Delta h_{c1}$。

桩顶水平位移监测时采用全站仪,利用极坐标法计算监测点的变化。将棱镜放置在基准点对中调平,全站仪放置在测点和基准点约中间位置,通过测量得到监测点与基准点之间的距离和角度,并将位移投影到与基坑垂直的方向上,根据本次测量的结果与初始值相比,得到监测点的本次累计变化量;本次测量结果与上次测量结果相比,得到两次监测结果的相对变化。

2) 桩体侧斜位移

围护桩桩体侧向位移采用测斜仪和测斜管共同完成。根据研究内容和工程特点,监测点布置如图 5-8 所示。桩体施工前,在桩体内布置测斜管,桩体测斜点的布置为沿桩体每隔 0.5m 布置一个测点。测斜仪是通过监测测斜管的中轴线与铅垂线之间的角度变化,通过公式运算计算围护桩桩体的变化。测斜管的安装和测斜仪工作原理,如图 5-9 所示。

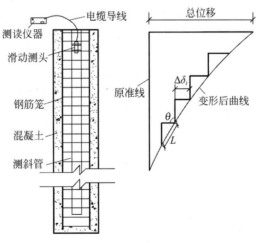

图 5-9　测斜仪工作原理

计算公式为:

$$\delta_i = \sum_{i=0}^{k} L \sin\theta_i = C \sum_{i=0}^{k}(A_i - B_i); \quad \Delta\delta_i = \delta_i - \delta_{i0} \qquad (5-2)$$

式中：$\Delta\delta_i$ 为 $i$ 深度的累计位移，mm；$\delta_i$ 为 $i$ 深度的本次坐标，mm；$\delta_{i0}$ 为 $i$ 深度的初始坐标，mm；$A_i$ 为仪器在 0° 方向的读数；$B_i$ 为仪器在 180° 方向的读数；$C$ 为滑动探头标定系数；$L$ 为滑动探头长度，mm。

### 5.2.3　不同地表附加应力作用下支护桩变化规律

经模型试验的正交分析可以得出地表附加应力大小是三影响因素中最主要的影响因素。为了使研究结论更具有普遍的工程实用性，选取北京地区较为普遍的粉质黏土均质土层作为建筑物的持力层。该粉质黏土地基承载力特征值为 220kPa。建筑物自重大约为 145kPa，以 10kPa 为变化等级，依次以 145kPa、155kPa、165kPa、175kPa、185kPa、195kPa、205kPa 和 215kPa 为地表附加应力值，利用 FLAC³ᴰ 数值软件计算得到支护桩位移变化规律。

土体的主要力学参数如表 5-13 所示，围护桩物理力学参数如表 5-14 所示。通过控制力-桩距和嵌固深度比以及开挖步骤，设置附加应力为唯一变量，研究在土体持力层地基承载力范围内不同等级的附加应力对支护桩桩顶水平位移变化规律，如表 5-15 和图 5-10 所示。

表 5-13　土体物理力学参数

| 土体 | 密度/(g·cm⁻³) | 体积模量/MPa | 剪切模量/MPa | 黏聚力/kPa | 内摩擦角/(°) |
|---|---|---|---|---|---|
| 粉质黏土 | 1.80 | 8.8 | 3.4 | 25.8 | 15.0 |

表 5-14　围护桩物理力学参数

| 构件 | 重度 $\gamma$ /(kN·m⁻³) | 弹性模量 /GPa | 泊松比 | 桩的横截面面积/m² | $y$ 轴二次矩/m⁴ | $z$ 轴二次矩/m⁴ | 极惯性矩/m⁴ |
|---|---|---|---|---|---|---|---|
| 围护桩 | 24.5 | 25.5 | 0.2 | 0.785 | 0.049 | 0.049 | 0.098 |

表 5-15　桩顶水平位移变化

| 附加应力/kPa | 145 | 155 | 165 | 175 | 185 | 195 | 205 | 215 |
|---|---|---|---|---|---|---|---|---|
| 桩顶位移/mm | −15.29 | −16 | −16.57 | −17.56 | −19.92 | −21.33 | −22.21 | −23.01 |

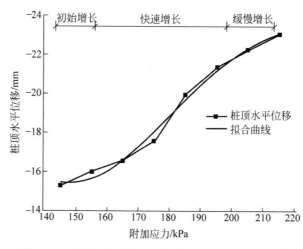

图 5-10　不同地表附加应力作用下桩顶水平位移变化

**1. 桩顶水平位移变化规律**

由图 5-10 可以看出,地表附加应力按 10kPa 等级递增变化时,桩顶水平位移呈递增趋势,平均增长率为 6.07%。主要原因是地表附加应力增加,地基中的附加应力也随之增加,致使基坑围护结构土压力和桩体变形增大。随着桩体产生形变,桩体弯矩也会发生相应的变化,主要表现为桩体弯矩的反弯点下移。从图中还可以看出其变化曲线大致为弧线形,随着压力值增大,桩顶水平位移变化大致分为 3 个阶段:初始增长阶段、快速增长阶段和缓慢增长阶段。初始增长阶段,地表附加应力较小,水平位移变化曲线相对比较平缓,其最大值约为 −16.00mm;快速增长阶段,地表附加应力增大但相对地基承载力特征值来说较小,此阶段桩顶水平位移增长较快,其最大值约为 −22.00mm;缓慢增长阶段,地表附加应力接近地基承载力特征值,土体在较大的压力作用下容易进入流塑状态,作用在桩体上的压力相对有所变小,桩顶水平位移变化较为缓慢,其最大值约为 −23.00mm。

对数据进行拟合可以得到

$$y = y_0 + \left( \frac{A}{w\sqrt{\frac{\pi}{2}}} \right) e^{-2\left( \frac{x-x_c}{w} \right)^2}$$

式中:$y_0 = -23.94$;$x_c = 148.00$;$w = 62.96$;$A = 671.78$。

该公式拟合度 $R^2 = 0.98$,具有较高的准确度,并且以指数函数为基础是一个增函数,其变化规律符合随着附加应力的增大桩顶水平位移增大的变化趋势,具有工程适用性和合理性。将现场工况 145kPa 代入公式,得到桩顶水平位移为 −15.51mm,相比数值模拟值为 −15.29mm,计算值增大了 1.44% ≤ 5%,符合误差分析。

**2. 桩身变形规律**

由表 5-16 和图 5-11 可知,当附加应力以 10kPa 为变化等级增加时,桩体变形量增加,最大变形位置下移,但位置下移不大,最终位置大致都在桩体裸露部分 2/3 处。从图 5-11 可以看出,随着附加应力的增大,桩体位移变化大致经历了平缓增加—快速增加—平缓增加 3 个阶段,大致呈指数函数增加形式,平均增长率为 6.8%。

表 5-16 桩体位移变化表

| 附加应力/kPa | 145 | 155 | 165 | 175 | 185 | 195 | 205 | 215 |
|---|---|---|---|---|---|---|---|---|
| 桩体位移/mm | −20.26 | −21.04 | −22.57 | −24.31 | −26.87 | −29.56 | −31.22 | −32.03 |
| 最大值位置/m | 16 | 16 | 16.5 | 16.5 | 17 | 17 | 17 | 17 |

由《建筑基坑支护技术规程》可知,当填土表面有局部荷载 $q$ 作用时(图 5-12),局部荷载即附加应力对墙背产生附加土压力,附加土压力的强度可以采用朗肯土压力计算公式,即 $p_{aq} = qK_a$。但是一般认为,地表附加局部荷载产生的附加土压力是沿着平行于破裂面的方向传递至围护结构。在图 5-12 所示的附加荷载作用下,附加荷载只在一定的 $cd$ 范围内引起附加土压力,其他范围均不产生附加土压力,$c$、$d$ 两点分别为自局部荷载 $q$ 的两端点 $a$、$b$ 作与水平面成 $45° + \frac{\varphi}{2}$ 的斜线至围护结构的交点。由此可知,当地表附加荷载增加时由此引起的附加土压力也随之增加,致使围护桩体内外侧不平衡力增大,增大的不平衡力使围护桩体发生向基坑内侧的变形,并且该变形随着不平衡力的增大而增大。

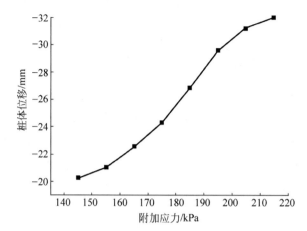

图 5-11　不同地表附加应力作用下桩体位移变化

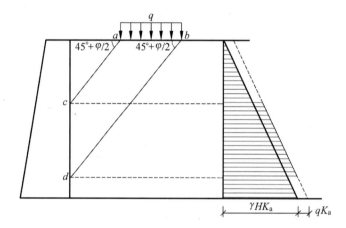

图 5-12　地表附加荷载引起的附加土压力

# 第6章

# 砂卵石地层深基坑支护结构受力变形特性研究

## 6.1 砂卵石地层深基坑现场实测研究

### 6.1.1 工程概况

本文选取四川肿瘤医院外科大楼深基坑开挖工程作为研究对象,该工程基坑长76.0m,宽70.0m,开挖深度 $H=17.0$m,基坑支护形式为桩锚支护,围护桩采用半径 $r=0.6$m 的混凝土灌注桩。该场地的土层结构:土层①(0~4.5m)为填土层;土层②(4.5~10.5m)为粉土层;土层③(10.5~21.0m)为卵石层;土层④(21.0~50.0m)为砂质泥岩。各土层详细物理力学参数如表6-1所示。

表 6-1 土的物理力学参数

| 土层名称 | 土层厚度 /m | 重度 $r$ /(kN·m$^{-3}$) | 变形模量 $E_s$ /MPa | 黏聚力 $c$ /kPa | 内摩擦角 $\varphi$ /(°) | 承载力特征值 $f_{ak}$/kPa |
|---|---|---|---|---|---|---|
| 填土 | 4.5 | 17.0 | 3.5 | 13.5 | 12.0 | 105 |
| 粉土 | 6.0 | 18.3 | 5.5 | 8.0 | 15.0 | 120 |
| 砂卵石 | 4.5 | 20.5 | 13.5 | 0 | 32.0 | 165 |
| 密实卵石 | 6.0 | 23.0 | 48.6 | | 15.0 | 820 |
| 强风化泥岩 | 4.5 | 22.8 | 13.5 | 60.0 | 22.0 | 300 |
| 中风化泥岩 | 25.0 | 24.0 | 不考虑压缩 | | | 800 |

本工程水文地质条件较好,且在基坑开挖过程中采取了降水措施,未逢雨季,故在模拟计算中不考虑地下水的影响。

本工程选用桩锚支护设计如图6-1、图6-2所示。

### 6.1.2 基坑监测方案

基坑开挖工程中,现场监测工作相当重要:能验证支护结构设计,能保证基坑开挖过程中支护结构以

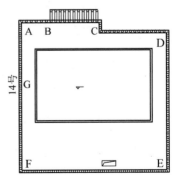

图 6-1 基坑支护桩平面布置简图

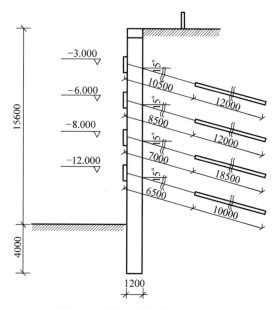

图 6-2　基坑支护桩锚竖向示意

及相邻建筑物的安全,能为基坑工程设计提供实例经验。

对桩土相互作用力进行了现场监测。具体情况为:通过挂布法将土压力盒埋设在钢筋笼外侧,浇筑混凝土后用于测试桩土之间相互作用力。为了研究同一埋深处土压力数值的变化情况,并充分反映基坑土压力的全面性和对称性,在基坑各边的三等分点处布置监测点,布置方式如图 6-3 所示。

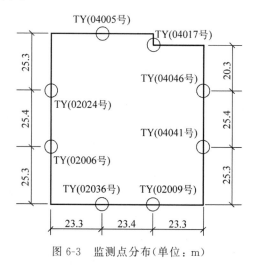

图 6-3　监测点分布(单位:m)

### 6.1.3　基坑变形及内力监测数据分析

对监测到的土压力、钢筋应力数据进行整理,绘制监测数据变化曲线,根据曲线变化趋势简要分析基坑在开挖过程中支护结构的受力变形特性。

**1. 基坑开挖土压力变化**

整理土压力盒监测到的桩后土压力数据。在基坑开挖过程中,桩顶−10.0m 位置处,土压力盒所测土压力随开挖时间的变化如图 6-4 所示,开挖 20d 至第一道锚索(−3.0m),25d 至第二道锚索(−6.0m),40d 至第三道锚索(−9.0m),50d 至第四道锚索(−12.0m),65d 至基坑底(−15.6m)。从图 6-2 曲线变化走势能看出各土压力盒所监测到的土压力总体随时间变化幅度不大,基坑后期土压力大小基本稳定在 63.0kPa,波动变化最大幅度不超过 20%。在基坑开挖后期土压力盒监测到的土压力数值基本没产生变化。

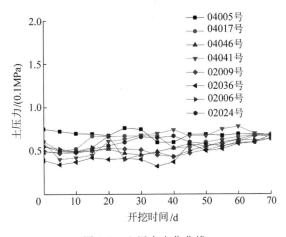

图 6-4　土压力变化曲线

根据表观土压力计算公式,当土层为软到中硬黏土,土压力随深度增加呈梯形分布,即埋深 $z < 0.25H$($H$ 为开挖深度)时,为三角形分布,而当 $z \geq 0.25H$,为矩形分布。本例中基坑开挖深度为 $-17m$,土压力盒埋置深度 $z = -10m$,埋深 $z > 0.25H = 5.25m$。故理论上在埋深为 $-10m$ 处土压力值应趋于同一定值,而土压力盒实测值均趋于 63.0kPa,与理论相符合。

**2. 支护桩测斜数据分析**

根据四川省肿瘤医院基坑勘察地质资料、规范及基坑设计要求对基坑支护桩布置 8 个测斜点,测点布置在沿基坑纵轴方向的两侧长边的桩体中,在基坑两侧均布设一个,形成一个断面,且在基坑变化突出部位加设 1 个,共布设 8 个,具体为 1 号、2 号、3 号、4 号、5 号、6 号、7 号、8 号。下面将根据基坑开挖过程及施工开挖的步骤对监测数据详细地分析,从而进行判断、控制其危险因素,对基坑开挖方案进行局部优化及基坑开挖规律的探询,最终达到基坑开挖的稳定性。

根据医院基坑土方开挖的施工方案及开挖顺序将基坑划分为 4 个部分,具体为基坑北端、基坑南端、基坑西端、基坑东端,各个部位埋设测斜管依次为:基坑标准段北端 7 号、8 号,基坑标准段南端 3 号、4 号,基坑标准段西端 5 号、6 号,基坑标准段东端 1 号、2 号。如图 6-5 所示。

图 6-6 所示为各测斜点初始值,在进行测斜测量工作前,将各测斜点的数值归零处理,以方便之后测斜工作数据的处理分析。从图 6-7 可以看出,基坑刚开挖深度不大时,直至开挖至第一道锚索设置深度(−3.0m),整个 1 号测点支护桩水平位移不是很大,最大水平位

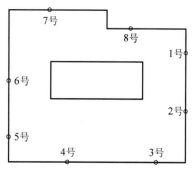

图 6-5 支护桩测斜监测点布置示意

移出现在桩顶位置,水平位移值为 3.72mm。桩顶出现最大位移主要是因为,在 1 号测点基坑外侧是成都一条干道,路面上流动车辆荷载较大,从而导致桩顶出现较大位移。但由于有冠梁的约束,水平位移变化量在安全控制范围内。开挖至第二道锚索时(−6.0m),桩体最大水平位移仍出现在桩顶位置,说明初始开挖对上部土体扰动较大,路面车辆动荷载是基坑东侧桩产生水平位移的主要因素。开挖初期如果东侧支护桩产生较大水平位移,达到安全黄线,可以采取控制路面车流量的措施进行处理。随着基坑深度的开挖整个桩体水平位移变化为沿着桩体向下发展,开挖第二道至第三道锚索深度时,水平位移变化速率最大,继续开挖水平位移最大值增大,但位移变化速度逐渐减小。由图 6-7 中开挖至第三道、第四道、基底这 3 条曲线,水平位移随深度变化出现"鼓肚子"形状,开挖至基底支护桩产生的水平位

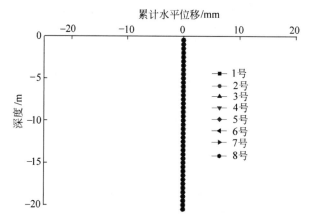

图 6-6 围护桩测斜初始位移

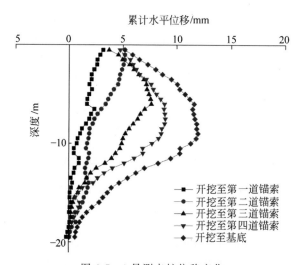

图 6-7 1 号测点桩位移变化

移最大,最大值达到了 14.87mm,位置出现在−10.0m 左右,这大概也是第三道锚索、基坑整个开挖深度的 2/3 位置处。在开挖面以下桩体部分,由于有坑内土体的作用,桩体位移基本没变化。总体来说,整个基坑东侧支护桩的水平位移变化量不大,在规范允许范围以内,基坑维持稳定状态。

图 6-8 是 4 号测点所在支护桩水平位移变化图。4 号测点位于基坑南侧,基坑南侧外就是高攀河,因此 4 号测点所测数据出现不规则的波动,但总体来说,支护桩水平位移变化量不是很大,开挖至基坑底部时桩体最大水平位移出现在基坑深度中部位置,最大值为 11.23mm。基坑开挖初期至安设第一道锚索时,由于高攀河的影响,桩顶水平位移最大,有 1.85mm;开挖至第二道锚索(−6.0m)时,水平位移最大值为 5.37mm,位置还是在桩顶处。随着基坑的开挖,桩水平位移沿着桩体向下发展,最大位移变化位置也向下移动。桩体水平位移变化速率在第二道锚索至第三道锚索期间达到最大,之后在第四道锚索直到基底变化速率逐渐减小。在开挖至第四道锚索时,桩底端出现微小的水平位移 2.38mm。但总体来说桩底部分水平位移很小,几乎可以忽略不计,这主要是基坑内侧土体的作用使桩底部相当于固定端。4 号测点所测桩体水平位移变化量均在安全控制范围内,虽然坑外侧有高攀河的影响,但基坑在桩锚支护结构体系支护作用下能稳定安全开挖。

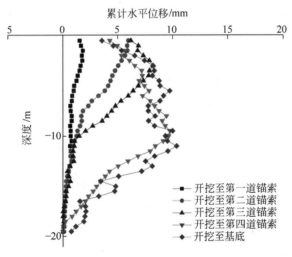

图 6-8　4 号测点桩位移变化

图 6-9 是基坑西侧桩体水平位移变化曲线图。基坑西侧距基坑边沿 1.5m 处就有某医院一栋 4 层高放射科大楼,故基坑西侧是监测过程中重点注意的地方,实际也是基坑水平位移变化最大的地方。从图 6-9 可以看出,基坑开挖深度较小时,主要水平位移变化出现在桩顶处,开挖至第一道锚索深度时,桩顶最大位移有 2.71mm。随着基坑深度的开挖,最大位移位置向下移动,桩的整体水平位移量也不断变大。开挖至设计深度,桩体最大水平位移有 14.75mm,由于放射科大楼的影响,桩体中间段部位水平位移变化均较大,监测过程中数据也出现不规律的变化。总的来说,由于桩锚支护结构系统的强度以及刚度均较大,虽然外部荷载较大,但在整个基坑开挖过程中均能保持安全稳定开挖。

图 6-10 是基坑北侧 7 号监测点的监测结果。从图 6-10 可以看出,北侧桩体水平位移变化量很小,北侧支护桩相当稳定,基坑开挖至第三道锚索(−9.0m)时,桩体水平位移变化最

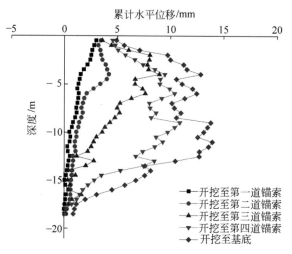

图 6-9　6 号测点桩位移变化

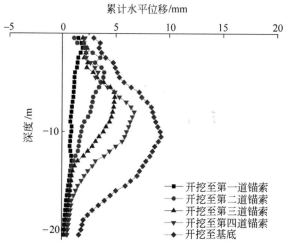

图 6-10　7 号测点桩位移变化

大值都只有 4.87mm，这是一个相当小的数值，且整个基坑水平变化波动起伏不大。这是由于在基坑北侧采用了双排桩支护结构，且桩间有连接梁作用，支护结构强度相当大，支护效果也相当明显。基坑北侧采取这种稳妥的加固支护措施，主要是因为医院主体部分均处于基坑北侧，应尽可能保持其安全稳定。由 7 号监测点所测数据可以看出，由于双排桩连接梁以及冠梁的作用，桩顶处水平位移变化相当小，且很稳定，开挖至设计深度桩顶水平位移仅 2.75mm。

　　基坑开挖至第四道锚索时，桩体位移最大值为 14.7mm，基坑支护桩水平位移变化量总体来说较大，如图 6-11 所示。但与安设第三道锚索时桩体位移变化情况相比较，基坑支护桩的水平位移变化不明显，直至开挖至设计深度。从图 6-6～图 6-9 可以看出，桩体埋入开挖面以下部分几乎没有出现水平位移，主要是受桩体埋入深度以及砂卵石土层强度较大影响的结果。

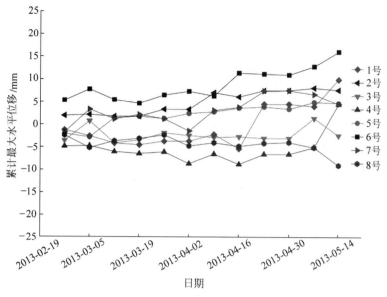

图 6-11 支护桩位移随时间变化曲线

图 6-9 为监测过程中,各监测点桩体最大累计位移变化量随时间变化曲线图。从图中可以看出,整个开挖过程中,桩体最大水平位移为 14.7mm,这在规范允许的范围内,保证了围护结构的稳定性。刚开挖阶段,各个监测点所测数据变化均很小,支护桩水平位移变形趋于稳定发展。在安设锚索后,桩体水平位移变化会出现小的转折点,这是由于锚索预应力作用的结果。随后支护桩水平位移变化回归正常变化趋势。在安设第三道锚索之前,也就是开挖至−12.0m 左右时,支护桩总体水平位移变化量显著增大,随后又趋于稳定变化,直至基坑开挖至设计深度。总的来说,在基坑开挖的全过程中,桩锚支护结构对基坑周边土体的支挡作用显著,满足了基坑开挖过程中位移变形的要求,保证了基坑开挖的安全,表明桩锚支护体系能满足砂卵石地层中的基坑开挖支护要求。

**3. 桩体钢筋应力及弯矩计算分析**

计算支护桩混凝土应力与弯矩时遵循以下假定:

①支护桩处于弹性状态,冠梁及桩体自重以及桩侧摩擦阻力忽略不计;②截面上混凝土在拉应力作用下开裂后退出工作,力矩计算时只计算实际工作面积上混凝土应力引起的弯矩。

在深基坑开挖监测中,通过安设在支护桩主筋上的钢筋应力计,可以测出各工况下相应位置的主筋应力,由桩体钢筋与混凝土的应变协调条件可得

$$\sigma_c = \sigma_s / n \tag{6-1}$$

式中:$\sigma_c$ 为截面上混凝土应力,kPa;$\sigma_s$ 为截面上钢筋应力,kPa;$n$ 为钢筋与混凝土的弹性模量比,$n = E_s / E_c$。

根据材料力学中关于梁的弯曲变形和应力分析理论,截面的弯矩 $M = M_s + M_c$,其中 $M_s$ 为钢筋应力对中心总力矩,N·m;$M_c$ 为混凝土应力对中心总力矩,N·m。其中

$$M_s = A_s r_s (\sigma_{s1} - \sigma_{s2}) \tag{6-2}$$

$$M_c = \frac{I(\sigma_{c1} - \sigma_{c2})}{b_0} \tag{6-3}$$

式中：$A_s$ 为桩截面主筋总面积，$\text{mm}^2$；$r_s$ 为钢筋距桩截面中心轴距离，$\text{mm}$；$I$ 为桩截面对中心轴惯性矩，$\text{m}^4$；$b_0$ 为拉、压应力测点的间距，$\text{mm}$。

　　该基坑开挖工程的钢筋应力监测工作持续时间较长，从基坑开挖至设计深度 $-15.6\text{m}$ 后仍然定期监测。本文研究钢筋应力以及混凝土应力变化情况，选取 14 号桩作为研究对象，是因为 14 号桩位于基坑西侧水平位移变化最大处。开挖达到设计深度后 14 号桩钢筋应力与深度关系如图 6-12 所示。图 6-12(a)表示桩基坑侧(N)所监测数据变化曲线，图 6-12(b)表示桩迎土侧(W)监测数据变化曲线。图 6-12 中符号"$H$"表示开挖深度且除特殊说明外均为 $-15.6\text{m}$，图中的每条曲线分别表示不同日期所监测到的数据情况，横坐标正为压，负为拉。

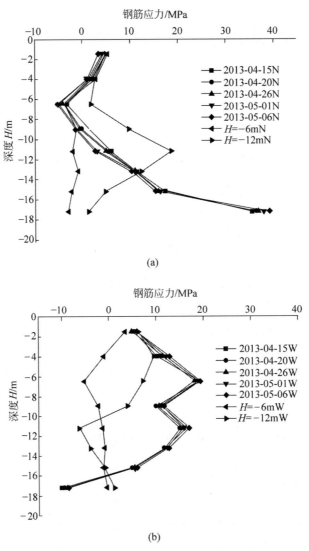

图 6-12　桩体钢筋应力随深度变化曲线
(a) 基坑侧；(b) 迎土侧

　　该基坑开挖工程支护结构中的 14 号桩，根据设计资料可得其各个参数为：$R =$

600mm,$r_s$＝550mm,$E_s$＝2.0×10⁵N/mm²,$E_c$＝3.0×10⁴N/mm²,$b_0$＝1100mm。将这些参数值以及监测到的桩体钢筋应力数据代入式(6-1)中可得 14 号桩的桩体混凝土应力，将根据图 6-8 中桩体钢筋监测数据计算得到的桩体混凝土应力绘制出随深度变化的曲线如图 6-13 所示，其中图 6-13(a)表示基坑侧混凝土应力随深度变化曲线，图 6-13(b)表示迎土侧混凝土应力随深度变化曲线。

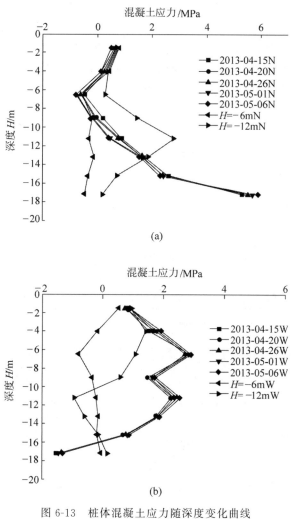

图 6-13　桩体混凝土应力随深度变化曲线

(a)基坑侧；(b)迎土侧

由图 6-12、图 6-13 应力变化曲线可以看出：

(1)工程开工初期，基坑开挖深度较浅，基坑支护桩处于悬臂状态但又有别于传统的悬臂，基坑支护桩是处于桩体下部嵌入开挖面以下土体中，相当于固定端，桩上端有冠梁约束作用，冠梁在基坑四周一般情况均是闭合的，闭合的钢筋混凝土冠梁能很好地约束住支护桩顶端的平动与转动。基坑开挖至 $H$＝−6.0m 时桩体钢筋应力随桩埋深变化曲线如图 6-12(a)($H$＝−6.0m)所示。从图中可以看出，在有冠梁作用下靠近桩顶位置桩体钢筋表现为受压状态，随着深度的增加，桩体内力逐渐转变为拉应力，桩体钢筋在开挖面处应力出现转折，由于桩下端埋入土体中,故开挖面以下桩体钢筋应力值较小。这表明冠梁对桩体钢筋的受力情况产生较大的影响。在冠梁的约束作用下桩顶不能自由平动和转动。冠梁的约束作用在影响桩体变形的同时,还有减小桩体内力的作用,冠梁对桩体约束作用越强影响越明显。故为了增强基坑开挖过程的稳定性,可适当加强冠梁的水平向抗扭刚度和抗弯刚度。

(2) 基坑开挖深度不大时,钢筋应力以及桩体混凝土应力比较集中且变化都不大,随着深度的开挖桩体内力变化呈现不同的变化趋势:靠基坑侧钢筋应力由受压逐渐变为受拉,且大概在锚杆位置($H=-8.5m$)处出现零点,在锚杆位置以下又表现为受压且随着深度增加逐渐增大;桩体迎土侧钢筋应力在锚杆位置处出现了较大凹陷,钢筋应力有较明显的减小;由式(6-1)可知桩体混凝土应力变化趋势与同侧钢筋应力变化趋势相同。

(3) 从整个监测得到的数据分析计算可以得出,14号桩的钢筋应力实测值只达到桩体钢筋强度设计值的14.8%,远小于钢筋的强度设计值。桩体基坑侧混凝土所受应力只达到桩体混凝土强度设计值的30.0%。这说明支护桩体具有较大的安全储备。

在深基坑开挖过程中,通过监测支护桩钢筋应力,然后经过计算得出桩体弯矩。本工程中基坑西侧14号桩,处于整个基坑水平位移变化最大位置处(图6-1),现主要来分析14号桩的弯矩变化情况。14号桩的 $A_s=9231.6mm^2$,根据式(6-2)、式(6-3)求出桩体弯矩作为本工程的实测弯矩。桩体随深度的开挖弯矩的变化曲线如图6-12所示,图中除特殊标明外,开挖深度 $H$ 均为 $-15.6m$。

通过分析图6-14各弯矩随深度变化曲线可以看出:

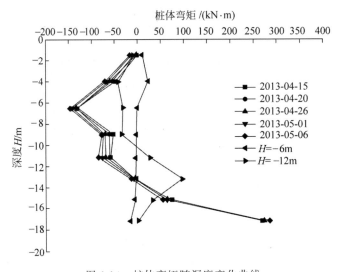

图 6-14　桩体弯矩随深度变化曲线

(1) 在靠近桩顶的位置,桩体弯矩随时间的变化量很小,且弯矩值也较小,几乎均小于25.0kN·m,这是由于在具有较大刚度的冠梁约束作用下,桩顶的位移与转动受到限制,且效果明显。

(2) 桩体弯矩随着基坑开挖深度的增加而增大,大概在锚杆位置($H=-8.5m$)处出现了较大幅度的减小,且在锚杆位置以下桩体弯矩变化趋势与上部相反。桩体弯矩逐渐由负变为正。这说明锚杆直接影响桩体弯矩的分布情况。

(3) 开挖深度 $H=-6m$ 时开挖面以下桩体有较大埋入长度,$M$-$H$ 曲线大约在 $H=$

－6.5m 处出现了零点。在基坑开挖到 $H=-8.5\text{m}$ 时安装了一排锚杆,在预应力锚杆的有效作用下,M-H 曲线零点随着开挖深度的增加而不断下移。在基坑开挖到设计深度－15.6m后,零点位置稳定在大约 $H=-13.5\text{m}$ 处。

(4) 在整个开挖过程中,桩体弯矩计算值均较小,这是由于该工程场地处于较厚卵石地层,卵石地层具有较大强度。较小的桩体弯矩提供了较大的安全储备,这在很大程度上确保了深基坑围护结构的稳定性。

# 6.2　砂卵石地层深基坑开挖 PFC 颗粒流数值模拟

## 6.2.1　颗粒流数值方法的基本理论

### 1. PFC2D 颗粒流模型

PFC2D 的模型可以模拟任意形状颗粒体系的力学行为特征。模型是全部由离散的圆形颗粒组成,颗粒间通过接触点或界面相互作用。如果假设颗粒是刚性的,用软接触的方法来描述接触的特点,并用一个有限的法向刚度作为刚度的度量,那么就可以用每个颗粒的运动和颗粒间的接触力来描述这个体系的力学行为。颗粒的运动以及由运动产生的力遵循牛顿第二定律。

### 2. 离散单元法

PFC2D 用有限单元法(distinct-element method,DEM)来模拟刚性圆颗粒的运动和相互作用。Cundall 和 Hart(1992)把 PFC2D 归类为离散元程序,因为它允许离散体之间产生有限的位移和旋转,包括完全的分开,并且在计算过程中会自动寻找和识别新的接触。

在离散单元法中,颗粒的相互作用被认为是动态的,只要内力平衡即为平衡状态。运动是由扰动在颗粒群中传递所产生,这些扰动可能是由某个墙体、某个颗粒或体力产生。这是一个动态的过程,传递的速度依赖于离散体系的物理性质。

通过一种显示的时间步算法(即采用中间差分法对加速度和速度积分),就可以把这种动态过程数据化。有限单元法的基本思想是:可以选择这样一个足够小的时间步,以至于在单个时间步内,扰动不会传递给周围的其他颗粒。这样,在任何时间点,任何一个颗粒的受力状况就由它所接触的颗粒唯一确定。又因为扰动传递速度是离散体系物理性质的函数,故可以选择满足以上条件的时间步。

### 3. 颗粒流的接触本构模型

PFC 中接触模型一般都会有以下三部分:①接触刚度模型;②滑动模型;③黏结模型。

1) 接触刚度模型

接触刚度把法向和切向接触力与其相对位移从下面的方程式联系起来,法向刚度 $K^n$ 属于割线模量,与总法向力和法向位移量 $U^n$ 对应。切向刚度 $k^s$ 属于切线模量,其将剪应力增量和对应引起的剪切位移增量 $\Delta U_i^s$ 联系,方程分别如下

$$F_i^n = K^n U^n n_i \tag{6-4}$$

$$\Delta F_i^s = k^s \Delta U_i^s \tag{6-5}$$

在颗粒流方法中,上述方程中具体的接触刚度值要视所对应的接触刚度模型而定。PFC 颗粒流软件本身刚度模型有线性及 H-Mind 接触刚度模型。如果两个颗粒发生接触,

单元体就仅能运用一种刚度模型进行计算。其中 H-Mind 刚度模型与其他类型的黏结模型不能共存，因 H-Mind 刚度模型不能体现拉张应力。

线性接触模型为具有法向刚度和切向刚度的两个相接触单元通过串联接触的方式产生相互作用的模型，线性刚度模型的法向接触刚度及切向剪切刚度分别为

$$K^{n} = \frac{K_{n}^{[a]} K_{n}^{[b]}}{K_{n}^{[a]} + K_{n}^{[b]}} \tag{6-6}$$

$$K^{s} = \frac{K_{s}^{[a]} K_{s}^{[b]}}{K_{s}^{[a]} + K_{s}^{[b]}} \tag{6-7}$$

上式中角标[a]和[b]分别指的是发生接触的两个实体单元。

线性接触模型中法向切线刚度与法向割线刚度相等，表达式为

$$k^{n} = \frac{\mathrm{d}F^{n}}{\mathrm{d}U^{n}} = \frac{\mathrm{d}(K^{n}F^{n})}{\mathrm{d}U^{n}} = K^{n} \tag{6-8}$$

本文中的砂卵石土体模拟计算采用第一种刚度模型。

H-Mind 刚度模型是在 Hertz-Mind 和 Cundal 早期提出的理论概念基础上近似得到的非线性接触模型。只能严格用于颗粒球体接触的情况，不适用于接触部分为接触连接的情况，因为这种模型不能体现球体的张拉应力。

在颗粒流方法中，H-Mind 刚度模型通过调用带 hertz 关键字的球或者单元生成命令 GENERATE 激活，其中 $k_{n}$ 和 $k_{s}$ 这两个参数被忽略，而弹性参数 shear 和 poiss 有用。对于球-球接触，弹性参数取其平均值；对于球-墙接触，设定墙体为刚性，球的弹性参数可以使用。H-Mind 模型接触的法向割线刚度、剪切切线刚度表达式如下

$$K^{n} = \left[ \frac{2\langle G \rangle \sqrt{2\widetilde{R}}}{3(1-\langle v \rangle)} \right] \sqrt{U^{n}} \tag{6-9}$$

$$K^{s} = \frac{2\left[ \langle G \rangle^{2} 3(1-\langle v \rangle) \widetilde{R} \right]^{\frac{1}{3}}}{2-\langle v \rangle} \mid F_{i}^{n} \mid^{1/3} \tag{6-10}$$

式(6-10)中，$\mid F_{i}^{n} \mid$ 表示法向接触力的大小；式(6-9)中，$U^{n}$ 为球单元接触重叠量，对于球-球接触，式(6-9)、式(6-10)中其他参数可表示为

$$\widetilde{R} = \frac{2R^{[a]} R^{[b]}}{R^{[a]} + R^{[b]}}$$

$$\langle G \rangle = \frac{1}{2}(G^{[a]} + G^{[b]})$$

$$\langle v \rangle = \frac{1}{2}(v^{[a]} + v^{[b]})$$

式中：$v$ 为泊松比；$G$ 为弹性剪切模量，MPa；$R$ 为颗粒的半径，mm；[a]、[b]为相互接触的球体（球-球接触）。

H-Mind 模型中，法向刚度间的关系为

$$k^{n} = \frac{\mathrm{d}F^{n}}{\mathrm{d}U^{n}} = \frac{3}{2} K^{n} \tag{6-11}$$

2）滑动模型

滑动模型由最小摩擦系数 $\mu$ 来确定颗粒间的实体接触。该参数可用带 fric 关键字的 property 命令进行定义。通过重叠部分大小的检查确定法向强度，若颗粒与颗粒之间的重

叠部分 $U^n$ 大于零,则接触力重新归零。如果 $|F_i^n|>F_{max}^s$,则会在下一个循环计算过程中,设定接触可以出现滑动。

$$F_{max}^s = \mu |F_i^n| \tag{6-12}$$

3) 黏结模型

PFC2D 程序中包括两种黏结形式:接触黏结与平行黏结。接触黏结作用范围很小,且只传递力;平行黏结模型作用范围如图 6-15 中阴影所示,可传递力和力矩。这两类连接可同时产生作用,但是接触黏结的出现会替代滑动模型。只要两个实体间形成黏结接触,那么这种接触将会一直保持,直到黏结破裂。黏结是颗粒间的特有形式。

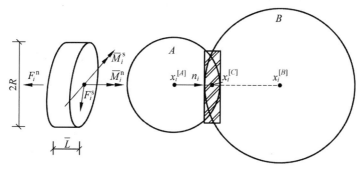

图 6-15　平行黏结模型

接触黏结可通过 property 命令中 n_bond 和 s_bon 关键字赋予其黏结属性,而平行黏结则通过 property 命令中的 pb_ns 和 pb_ss 关键字创建。如果模型所受强度超过范围,则黏结将被自动删除。也可以通过上述命令将属性归零。接触黏结的本构关系如图 6-16 所示。

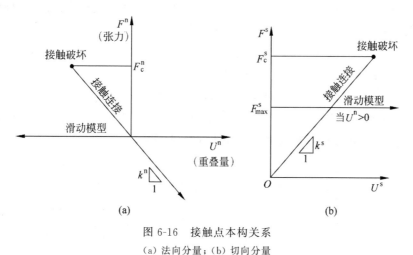

图 6-16　接触点本构关系
(a) 法向分量;(b) 切向分量

## 6.2.2　基坑开挖 PFC2D 数值模拟计算

颗粒流理论假设介质是由离散体组成的,其机理为颗粒间的相互作用,颗粒运动不受变形协调的约束,只需满足平衡方程。本研究采用 PFC2D 软件进行二维数值模拟计算,数值模拟计算考虑基坑开挖过程中桩-土受力变形的平面问题。基坑开挖深度－17m,考虑基坑锚索支护系统以及开挖步距的影响;并考虑到基坑最大桩体水平位移位于基坑深度的 1/3～2/3 处,此处桩-土间相互作用力更加明显,因此取－10m 深度处的单位厚度平面为模拟计算平面。模拟计算时开挖工况与实际工程中开挖工况一致,如图 6-17 所示。

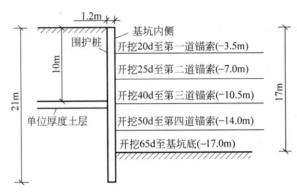

图 6-17 单位厚度土层示意

### 1. 基本模型

实际工程中基坑开挖平面尺寸为 70.0m×76.0m,考虑周围土体的影响,本次模拟影响范围的选取为基坑边向外侧延伸 2 倍的基坑开挖尺寸,故整个模型尺寸为 114.0m×105.0m。由于基坑尺寸过大,且基坑平面布局具有近似对称性,故本次数值模拟模型尺寸拟选取基坑开挖平面的 1/4 进行模拟计算,平面示意图如图 6-18(a)所示。考虑到模拟计算中土颗粒的直观性,为了更加明了地观察土颗粒的力学行为,本次模拟运用相似模拟理论及 $\pi$ 定律对模型尺寸进行缩小。

选取以下参数建立方程:基坑长 $L$,基坑宽 $B$,桩间距 $D$,桩半径 $R$,土体应力 $\sigma$,土体压缩模量 $E$,土体重度 $\gamma$,单位土层埋深 $H$,重力加速度 $g$,建立方程

$$f(L,B,D,R,\sigma,E,\gamma,H,g)=0 \tag{6-13}$$

利用因次分析法求解式(6-13),取相似系数 $C_L=40$,则 $C_B=C_D=C_R=C_H=C_g=40$,$C_E=C_\sigma=C_\gamma=1$,缩尺后的模型尺寸如图 6-18(b)所示。

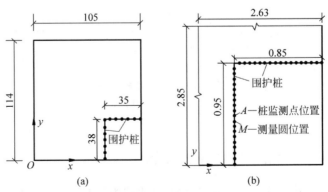

图 6-18 模型尺寸(单位:m)

(a)原模拟尺寸;(b)几何缩比后尺寸

颗粒流数值模拟所需土体微观参数从工程地勘报告中难以得出,故模拟计算前利用PFC2D数值双轴试验,不断调整土颗粒微观参数,通过一系列试验可以得出试样的弹性及破坏特性曲线,如应力-应变曲线等。模拟结果与实测曲线基本一致时,取此次试验的土颗粒微观参数。表6-2即为多次双轴试验得出的土颗粒微观力学参数。

表6-2　土颗粒微观力学参数

| 土质 | 密度/(kg·m$^{-3}$) | 粒径/mm | 法向刚度/(Pa·m) | 切向刚度/(Pa·m) | 摩擦系数 | 空隙比 | 泊松比 |
|---|---|---|---|---|---|---|---|
| 砂卵石 | 2000 | 37～72 | $2.0\times10^7$ | $2.4\times10^7$ | 1.5 | 0.21 | 0.35 |

### 2. PFC模型建立及模型计算

(1)首先通过一个延伸系数,建立上、下、左、右4个可延伸的墙体模型,防止土颗粒受力后跳出墙外,用来模拟土体的边界条件。

(2)利用定义的土颗粒最大、最小半径以及粒径初始缩放系数,生成土颗粒群使其充满4片墙所围成的空间。定义一个FISH函数计算出初始生成所有土颗粒后的孔隙率$n_0$,再根据需要的实际孔隙率$n$,通过公式$m=\sqrt{(1-n)/(1-n_0)}$换算出新的粒径缩放比,所有土颗粒半径乘以新的缩放mult$=m$即可得到我们所需要的土体密实度。

(3)根据计算出来的缩放比mult程序,以一定时步对颗粒半径进行逐步放大,直到达到实际所需的孔隙率$n$。土颗粒、墙、坐标系建立的初始模型如图6-19(a)所示。

(4)本次模拟计算的结构单元主要是围护桩。桩的刚度相对于周围土体来说很大且嵌固在土层中,桩单元材料参数如表6-3所示。桩体发生的位移与桩间土体位移相比较可以忽略,故本文模拟过程中桩结构单元设置为刚性,局部放大如图6-19(b)所示。

(5)本次模拟计算作为标准工况,取桩半径0.6m(书写数值为实际尺寸,下同),桩间距2.5m,摩擦系数取1.5。

表6-3　桩结构单元材料参数

| 半径/m | 法向刚度$K^n$/(Pa·m) | 切向刚度$K^s$/(Pa·m) |
|---|---|---|
| 0.6 | $2.2\times10^8$ | $1.9\times10^9$ |

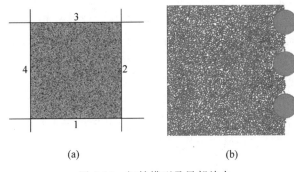

图6-19　初始模型及局部放大
(a)初始模型;(b)局部放大

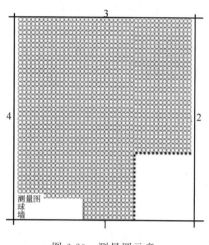

图 6-20　测量圆示意

（6）在模拟计算过程中，设置测量圆（measurement circle），这些测量圆的半径为桩间距，且圆心位置处于两桩中间。监测记录桩周土体受力变形情况，如图 6-20 所示。

（7）PFC2D 模拟平面上桩土相互作用时，主要有两种方法使桩土产生相互作用：位移法与荷载法。其中位移法即将模型四周固定两面墙，然后再给予相对位置墙单元一个位移或者相向速度，使墙之间产生相对位移。本文模拟计算采用位移法，即固定住模型墙 1，2，赋予墙 3 一定向下的速度，使墙 3 以 5mm/s 的速度匀速向下运动；赋予墙 4 一定向右的速度，使墙 4 以 5mm/s 的速度匀速向右运动，如图 6-20 所示。

（8）开挖基坑，采集数据。

## 6.2.3　支护桩受力变形细观机理

取基坑垂直排桩（$y$ 方向）中间位置处的桩（图 6-18 中 $A$ 点）以及该桩间测量圆（图 6-18 中 $M$ 点）$x$ 方向以及 $y$ 方向上的应力作为分析对象。研究该数据，找出桩-土在基坑开挖过程中受力变化规律。基坑开挖后，模型颗粒间接触力分布情况（局部）如图 6-21 所示。

由图 6-20 可以看出，接触力集中的位置一般在两测量圆相接处，由于测量圆是建立在两围护桩之间的，故可以看出接触力的集中点为围护桩，达到最大值，而在两围护桩之间颗粒间的接触力很小，在临空面处几乎为 0，沿土颗粒往内，接触力逐渐增大恢复"树杈形"均布状态，而在两围护桩之间颗粒间接触力表现出"拱"形。出现这形状的可能原因是土颗粒会以一定的速度运动，临空面处土颗粒产生较大位移量，本文模拟的是平面问题，即只考虑平面上基坑内土颗粒挖除后，桩后土压力随计算步数增加的

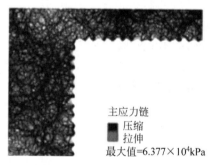

主应力链
■ 压缩
　拉伸
最大值=6.377×10⁴kPa

图 6-21　接触力变化（局部）

变化情况，如图 6-22 所示。由于模拟中不考虑垂直开挖过程对桩-土受力的影响，故桩-土受力出现变小是从临空面往内，土颗粒间由于摩擦因素的影响，接触作用力逐渐增大，位移增量受阻，在一定范围内颗粒间出现相对位移，土颗粒在一定范围内产生"拱"形，颗粒间的受力分布也表现出"拱效应"。

模拟计算基坑开挖后桩-土 $x$，$y$ 方向受力变化如图 6-22(a)、(b)所示。图 6-22(a)为桩-土 $x$ 方向受力变化情况，从图中可以看出，在基坑开挖之前土颗粒生成过程中为了达到预期的孔隙率，颗粒间产生初始应力接触力，但初始力很小几乎可以忽略不计。采用"位移法"进行模拟计算后，随着墙的不断位移，围护桩与土颗粒 $x$ 方向的受力均不断增大，增长阶段的增长速率逐步减小。围护桩的最大应力达到了 68.3kPa，测量圆的最大值 56.0kPa。

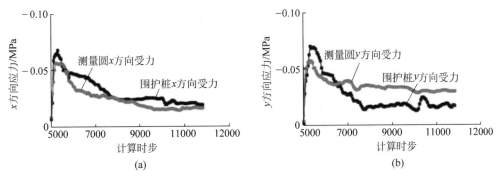

图 6-22　桩-土受力情况

（a）$x$ 方向受力；（b）$y$ 方向受力

随着墙之间相对位移的不断增加以及基坑开挖临空面原因,围护桩以及测量圆 $x$ 方向的应力均减少,减小的主要原因为桩间土颗粒在力的作用下位移不断增大,最终导致溢出颗粒较多,土颗粒支撑结构遭到破坏,从而导致桩-土间受力得到重新分布。桩-土受力不断变小,最后两者都趋于平稳,但围护桩 $x$ 方向受力一直比桩间测量圆所受力大。围护桩 $x$ 方向受力稳定在 28.0kPa 左右,相对峰值减少 59.1%。测量圆 $x$ 方向受力稳定在 23kPa 左右,相对于峰值减少 58.9%。

图 6-22(b)为桩土相互作用 $y$ 方向受力变化曲线。从图中可以看出,计算开始阶段受力变化情况与 $x$ 方向变化趋势一致,均是在墙不断位移过程中,所受力逐渐增大,最后围护桩达到峰值 69.0kPa,桩间测量圆达到峰值 56.9kPa。$y$ 方向受力在达到峰值后也出现与 $x$ 方向一样的转折,受力不断变小。在受力变小的过程中,围护桩减小的速率高于桩间测量圆。且最后稳定平衡后,围护桩所受 $y$ 方向的作用力小于桩间测量圆 $y$ 方向受力。产生该现象的原因主要是桩间土颗粒拱形支撑结构在墙的不断位移作用下遭到破坏,桩间土承担更多 $y$ 方向荷载,围护桩 $y$ 方向作用力分担比减小。这种情况不利于桩后土的稳定性,故合理利用桩间土体的拱效应,能更好地发挥支护结构的作用。

按表 6-1 所示土层物理力学参数计算作用在基坑桩外侧的朗肯主动土压力,根据朗肯主动土压力理论 $e_a = \gamma h k_a - 2c\sqrt{k_a}$,其中 $k_a = \tan^2\left(45° - \dfrac{\varphi}{2}\right)$,由此可以计算出地表以下 $-10.0$m 处朗肯主动土压力为 80.3kPa。

由图 6-4 可以看出,测土压力大小为 63.0kPa,相比较朗肯理论计算土压力偏小了 21.5%。数值模拟计算得到桩后土对桩的压力为 68.3kPa,相比较实测土压力偏大了 7.7%,相比朗肯理论计算土压力偏小 14.9%。由此可以看出,数值模拟计算结果与实测土压力相差不大,而两者均小于朗肯实测土压力,此方法模拟微观桩土相互作用结果可信。由模拟结果分析可得实测土压力相比较朗肯理论计算值偏小的原因是,在基坑开挖后,桩间土体出现临空面,土颗粒在初始应力作用下发生位移,由于土颗粒间存在摩擦系数且有围护桩的局部阻挡作用,使得土颗粒在一定范围内相互楔紧,发挥土体抗剪性能,形成拱效应,从而使得土间应力发生重分布,一部分 $x$ 方向应力转移至 $y$ 方向土体中由土体自承,从而减小了对围护桩 $x$ 方向的作用。

# 参 考 文 献

[1] 陈忠汉,程丽萍.深基坑工程[M].北京:机械工业出版社,1999:64-65.

[2] PECK R B. Deep excavation and tunneling in soft groud[C]//Proceedings of the 7th International Conference on Soil Mechanics and Foundation Engineering, State-of-the-Art. Mexico City, 1969: 225-290.

[3] OU C Y, HSIEH P G, CHIOU D C. Characteristics of groud surface settlement during excavation [J]. Canadian Geotechnical Journal, 1993, 30(5): 758-767.

[4] MASUDA T. Behavior of Deep Excavation with Diaphragm Wall[D]. Massachusetts Institute of Technology, Cambridge, Massachusetts, 1993.

[5] MOORMANN C. Analysis of wall and groud movements due to deep excavations in soft soil based on a new wordwide database[J]. Soils and Foundations, 2004, 44(1): 87-98.

[6] 马险峰,张海华,朱卫杰,等.超深基坑开挖对超临近高层建筑影响的离心模型试验研究[J].岩土工程学报,2008,30(S1):499-504.

[7] 房师军,付拥军,姚爱军.某地铁工程深基坑排桩围护结构变形规律分析[J].岩土工程学报,2011,33(S1):223-226.

[8] 俞建霖,龚晓南.基坑工程变形性状研究[J].土木工程学报,2002,35(04):86-90.

[9] 杨光华.深基坑支护结构的实用计算方法及其应用[J].岩土力学,2004,25(12):1885-1896,1902.

[10] 邓子胜.深基坑支护结构-土非线性共同作用弹性地基反力法[J].土木工程学报,2006,39(4):68-72.

[11] 朱彦鹏,魏升华.深基坑支护桩与土相互作用的研究[J].岩土力学,2010,31(9):2840-2844.

[12] 李涛,朱连华,李彬如,等.深基坑开挖土拱效应影响因素研究[J].中国矿业大学学报,2017,46(1):58-65.

[13] 刘波,黄佩格,黄冕,等.深粉砂地层深基坑支护结构变形安全监测与分析[J].施工技术,2014,43(11):106-111.

[14] 郑刚,张涛,程雪松.工程桩对基坑稳定性的影响及其计算方法研究[J].岩土工程学报,2017,39(S2):5-8.

[15] 侯世伟,郭少坡,李宏男,等.考虑非线性接触地铁基坑施工过程变形研究[J].地下空间与工程学报,2018,14(S1):349-356.

[16] 王超,朱勇,张强勇,等.深基坑桩锚支护体系的监测分析与稳定性评价[J].岩石力学与工程学报,2014,33(S1):2918-2923.

[17] BROMS B B. Design of laterally loaded piles[J]. Journal of the Soil Mechanics & Foundation Division, 1965, 92(3): 75-76.

[18] 格沃兹杰夫.极限平衡法的结构承载能力的计算[M].袁文伯,译.北京:建筑工程出版社,1958.

[19] 日本港湾协会.港口建筑物设计标准[M].北京:人民交通出版社,1979.

[20] CHANG Y L. Discussion on "Lateral pile loading tests" by Feagin[J]. Transaction ASCE, 1937, 102(65): 272-278.

[21] ROWE P W. The single pile subject to horizontal force[J]. Géotechnique, 1956, 6(2): 70-85.

[22] MATLOCK H, REESE L C. Generalized solutions for laterally loaded piles[J]. Geotechnical Special Publication, 1960, 127(118): 1220-1248.

[23] PALMER L A, BROWN P P. Part Ⅱ—Analysis of pressure deflection, moment, and shear by the method of difference equations, symposium on lateral load tests on piles[J]. ASTM International, 1955, 33(154): 22-44.

[24] 中交公路规划设计院有限公司.公路桥涵地基与基础设计规范：JTG 3363—2019[S].北京：人民交通出版社,2019.

[25] 桩基工程手册编写委员会.桩基工程手册[M].北京：中国建筑工业出版社,1995.

[26] 中华人民共和国住房和城乡建设部.建筑桩基技术规范：JGJ 94—2008[S].北京：中国建筑工业出版社,2008.

[27] 卢世深,林亚超.桩基础的计算和分析[M].北京：人民交通出版社,1987.

[28] 周铭.弹性桩与弹性梁通解[J].岩土工程学报,1982,4(1)：1-15.

[29] 吴恒立.计算推力桩的双参数法以及长桩参数的确定[J].岩土工程学报,1985,7(3)：41-46.

[30] 吴恒立.推力桩计算方法的研究[J].土木工程学报,1995,28(2)：20-28.

[31] 吴恒立.推力桩双参数法微分方程的通解[J].重庆交通学院学报,1985,4(3)：19-27.

[32] 陈炎玮,崔京浩.多支撑桩墙的简化计算[C]//第七届全国结构工程学术会议论文集.1998：8.

[33] 张耀年.横向受荷桩的通解[J].岩土工程学报,1998,20(1)：84-86.

[34] 杨学林,施祖元,益德清.带撑支护结构受力计算[J].建筑结构,2000,30(5)：36-39.

[35] 戴自航,沈蒲生,张建伟.水平梯形分布荷载桩双参数法的数值解[J].岩石力学与工程学报,2004,23(15)：2632-2638.

[36] 肖启扬.多支撑挡土结构考虑开挖过程计算方法参数的敏感性分析[J].黎明职业大学学报,2008,12(1)：27-30.

[37] 翟永亮.地铁车站基坑桩撑支护体系m法设计参数研究[D].郑州：郑州大学,2010.

[38] 朱彦鹏,魏升华.深基坑支护桩与土相互作用的研究[J].岩土力学,2010,31(9)：2840-2844.

[39] 张磊,龚晓南,俞建霖.水平荷载单桩计算的非线性地基反力法研究[J].岩土工程学报,2011,33(2)：309-314.

[40] 张爱军,张志允.中心岛法支护结构内力及变形计算的地基反力法[J].岩土工程学报,2014,36(S2)：42-47.

[41] 戴自航,王云凤,卢才金.水平荷载单桩计算的综合刚度和双参数法杆系有限元数值解[J].岩石力学与工程学报,2016,35(10)：2115-2123.

[42] 张尚根,郑峰,杨延军,等.条形基坑支护结构变形计算[J].地下空间与工程学报,2013,9(S2)：1859-1862.

[43] 盛春陵,余巍,李仁民.深弹性支点法中m值迭代计算方法[J].河海大学学报(自然科学版),2015,43(1)：44-48.

[44] 王超.桩锚支护结构基坑稳定性分析研究[D].西安：西安工业大学,2015.

[45] 李涛,江永华,朱连华,等.桩-土相互作用支护桩受力变形计算方法[J].西南交通大学学报,2016,51(1)：14-21.

[46] TERZAGHI K. Genral wedge theory of earth pressure [J]. Tranctions,ASCE,1943,106.

[47] LILLY P A,LI J. Estimating excavation reliability from displacement modeling[J]. International Journal of Rock Mechanics & Mining Sciences,2000(37)：1661-1265.

[48] 侯学渊,陈永福.深基坑开挖引起周围地基土沉陷的计算[J].岩土工程师,1989,1(1)：3-13.

[49] 李淑,张顶立,房倩,等.北京地铁车站深基坑地表变形特性研究[J].岩石力学与工程学报,2012,31(1)：189-198.

[50] 张震,叶建忠,贾敏才.上海软土地区小宽深比基坑变形实测研究[J].岩石力学与工程学报,2017,36(S1)：3627-3635.

[51] 宋顺龙.宁波轨道交通车站基坑变形特征统计分析[J].都市快轨交通,2017,30(4)：71-75,85.

[52] 张尚根,袁正如.软土深基坑开挖地表沉降分析[J].地下空间与工程学报,2013,9(S1)：1753-1757.

[53] 傅艳华,王旭东,宰金珉.基坑变形时间效应的有限元分析[J].南京工业大学学报(自然科学版),2005,27(5)：32-36.

[54] 唐孟雄,赵锡宏.深基坑周围地表沉降及变形分析[J].建筑科学,1996(4)：31-35.

[55] 张永进.考虑土体性质影响的基坑地面沉降变形计算[J].建筑结构,2000,30(11):32-33.

[56] 尹光明.城市隧道临近建筑物超深基坑支护理论与安全控制技术研究[D].长沙:中南大学,2012.

[57] 李小青,王朋团,张剑.软土基坑周围地表沉陷变形计算分析[J].岩土力学,2007,28(9):1879-1882.

[58] 刘贺,张弘强,刘斌.基于粒子群优化神经网络算法的深基坑变形预测方法[J].吉林大学学报(地球科学版),2014,44(5):1609-1614.

[59] 蔺俊林.深基坑施工地表沉降预测时序分析[J].山西建筑,2017,43(18):54-56.

[60] 李永靖,王春华,孙琦,等.地铁深基坑开挖对周围地表沉降的影响[J].辽宁工程技术大学学报(自然科学版),2017,36(4):387-390.

[61] 郭健,查吕应,庞有超,等.基于小波分析的深基坑地表沉降预测研究[J].岩土工程学报,2014,36(S2):343-347.

[62] 廖少明,魏仕锋,谭勇,等.苏州地区大尺度深基坑变形性状实测分析[J].岩土工程学报,2015,37(3):458-469.

[63] 王绍君,刘耀凯,凌贤长,等.软土深基坑施工过程对地表沉降影响力学行为分析[J].土木工程学报,2012,45(S2):226-230.

[64] 李元勋,朱彦鹏,叶帅华,等.超载作用下地表沉降偏态分布模式研究[J].岩土工程学报,2018,40(S1):171-176+56.

[65] 黄明,江松,邓涛,等.基于分离相似概念的地铁异形基坑三维开挖模型试验[J].工程地质学报,2018,26(2):384-390.

[66] 徐青,郭伟,何松.基于Logistic-ARMA组合模型对基坑开挖过程地表沉降的预测研究[J].安全与环境工程,2017,24(3):160-163.

[67] OU C Y,CHANG D,WU T S. Three-dimensional element analysis of deep excavations[J]. Journal of Geotechnical Engineering,1996,122(5):337-345.

[68] FINNO R J,BLACKBURN J T,ROBOSKI J F. Three-dimensional effects for supported excavations in clay[J]. Journal of Geotechnical and Geoenvironmental Engineering,2007,133(1):30-36.

[69] ROBOSKI J,FINNO R J. Distributions of groud movements parallel to deep excavations in clay[J]. Canadaian Geotechnical Engineering,2006,43:43-58.

[70] LEE F H,YONNG K Y,QUAN K C N,et al. Effect of corners in strutted excavations:field monitoring and case histories[J]. Journal of Geotechnical and Geoenvironmentall Engineering,1998,12(4):339-349.

[71] 黄强.护坡桩空间受力简化计算方法[J].建筑技术,1989(6):43-45.

[72] 杨雪强,刘祖德,何世秀.论深基坑支护的空间效应[J].岩土工程学报,1998,20(2):74-78.

[73] 雷明锋,彭立敏,施成华,等.长大深基坑施工空间效应研究[J].岩土力学,2010,31(5):1579-1584,1596.

[74] 丁继辉,袁满,张勤.基于弹性抗力法的深基坑悬臂支护结构上土压力空间效应分析[J].工程力学,2012,29(S1):136-140.

[75] 郑惠虹.基于双剪强度理论基坑边坡土压力分布分析[J].中外公路,2013,33(4):58-61.

[76] 李大鹏,唐德高,闫凤国,等.深基坑空间效应机理及考虑其影响的土应力研究[J].浙江大学学报(工学版),2014,48(9):1632-1639,1720.

[77] 李连祥,成晓阳,黄佳佳,等.济南典型地层基坑空间效应规律研究[J].建筑科学与工程学报,2018,35(2):94-102.

[78] 李镜培,陈浩华,李林,等.软土基坑开挖深度与空间效应实测研究[J].中国公路学报,2018,31(2):208-217.

[79] 俞建霖,龚晓南.深基坑工程的空间性状分析[J].岩土工程学报,1999(1):24-28.

[80] 刘念武,龚晓南,俞峰,等.内支撑结构基坑的空间效应及影响因素分析[J].岩土力学,2014,35(8):

2293-2298,2306.

[81] 贾敏才,杨修晗,叶建忠.小尺度井结构基坑墙后土压力的坑角效应[J].哈尔滨工业大学学报, 2016,48(12):95-102.

[82] 阮波,田晓涛,杨关文.L形基坑变形的空间效应研究[J].铁道科学与工程学报,2015,12(1):86-90.

[83] 吴恒立.计算推力桩的综合刚度原理和双参数法[M].北京:人民交通出版社,2000.

[84] 龙驭球.弹性地基梁的计算[M].北京:人民教育出版社,1981.

[85] 中华人民共和国住房和城乡建设部.建筑边坡工程技术规范:GB 50330—2013[S].北京:中国建筑工业出版社,2013.

[86] 中华人民共和国国家标准.城市轨道交通工程测量规范:GB/T 50308—2017[M].北京:中国建筑工业出版社,2017.